Alexandra Behrendt • Schnecken im Süßwasser-Aquarium

Blasenschnecken sind oft unbeabsichtigt eingeschleppte Gäste im Aquarium.

Alexandra Behrendt

Schnecken

im Süßwasser-Aquarium

Dähne Verlag

Fotonachweis:
Alle Fotos, außer den besonders gekennzeichneten, sind von der Autorin.
Alle technischen Zeichnungen Thorsten Hardel, 39punkt.de

Bibliografische Information der Deutschen Bibliothek

Die Deutsche Bibliothek verzeichnet diese Publikation in der Deutschen Nationalbibliografie; detaillierte bibliografische Daten sind im Internet über http://dnb.ddv.de abrufbar.

ISBN 978-3-935175-98-2

Druck: Grafisches Centrum Cuno GmbH & Co. KG
Printed in Germany

Inhalt

Vorwort

Wasserschnecken, nur lästige Gäste und störendes Beiwerk im Aquarium? Ganz und gar nicht. Sie sind sehr interessante, teilweise genügsame Pfleglinge, und viele sind eine ausgesprochene Zierde für unsere Aquarien.

Genauere Aufmerksamkeit schenkte ich den Schnecken im Jahr 2002. In diesem Sommer entdeckte ich eine riesige Population von Turmdeckelschnecken in unserem Aquarium, die ich vorher nicht bewusst wahrgenommen hatte. Ich fand es faszinierend, dass sich eine Spezies ungewollt und unbemerkt derart vermehren konnte. Der ganze Bodengrund schien in Bewegung zu sein, und an heißen Tagen kamen sie massenhaft daraus hervor. Mein Interesse war geweckt, und sofort begann die Suche nach dem Namen der Tiere und deren Verbreitungsmöglichkeit – ein Hobby ward geboren. Im Lauf der Jahre sammelte ich so viele Informationen aus Theorie und Praxis, sodass daraus ein Buch werden konnte.

Mit dem Garnelenboom sind in den letzten Jahren auch viele unterschiedliche Schnecken aus aller Herren Länder importiert worden, die wegen ihrer Schönheit und ihres interessanten Verhaltens Einzug in unsere Aquarien gehalten haben. Ob einheimische Arten, die sich zufällig in unsere Aquarien verirrt haben, oder exotische Arten aus fernen Ländern, ob für ein Gesellschaftsaquarium oder ein spezielles Artaquarium, die Auswahl ist inzwischen riesig.

Immer noch spärlich ist allerdings die Literatur über Süßwasserschnecken. In diesem Buch stelle ich Ihnen die bekanntesten Gattungen und Arten vor, die sich für die Pflege im Aquarium eignen, erkläre ihre Herkunft, ihre speziellen Eigenschaften und Bedürfnisse.

Mein Dank geht an meine Familie, die mit Geduld all die mit Schnecken befüllten Wassergläser in unserer Wohnung akzeptiert. Des Weiteren bedanke ich mich bei Dr. Thomas von Rintelen, Dr. Frank Köhler, Hennig Buck, Heiko Dieckhoff, Christoph Engelbogen, Mura Kilic, Chris Lukhaup, Malte Mazantke, Peter Pfeiffer sowie bei Herbert Nigl von Aquarium Dietzenbach, der immer ein großes Sortiment an Schnecken zur Verfügung hat, bei Langer Aquaristik, Bachflohkrebse.de, Firma JBL für die Futterteststrecke und mehr, bei Planet-Plants sowie allen Firmen, die mich unterstützt haben. Und darüber hinaus danke ich allen Aquarianern und Wissenschaftlern, die sich mit mir austauschen und Hobby und Interesse teilen.

Neritiden weiden nicht nur Hartsubstrat ab, gerne säubern sie auch Wasserpflanzen.

Systematik und Anatomie

Schnecken gehören zu den Wirbellosen, den Invertebraten, und dort zum Stamm der Weichtiere (Mollusca). Wir unterscheiden Lungenschnecken (Pulmonata), Hinterkiemer (Opisthobranchia) und Vorderkiemer (Prosobranchia).

Zu den Lungenschnecken gehören ca. 40.000 Arten, wie zum Beispiel die Posthorn-, Blasen- und Tellerschnecken. Sie besitzen ein Haus und keinen Deckel, und keine Kiemen im herkömmlichen Sinn. Etwa 60.000 Arten zählen die Vorderkiemer. Sie werden so genannt, weil die Kiemen vor dem Herzen liegen. Ihr deutliches äußeres Merkmal ist der Gehäusedeckel, der zum Schutz des Tieres dient. Sie können ihr Haus nahezu hermetisch damit abriegeln. Bei den *Tylomelania*-Arten oder den *Brotia*-Arten funktioniert dies nicht, weil der Deckel kleiner ist als die Mündung. Dort ist ein komplettes Verschließen des Hauses nicht möglich.

Bei den Hinterkiemern (mit denen wir uns in diesem Buch nicht beschäftigen), wie den Meeresnacktschnecken, sieht man am Körper fransige Teile, die Kiemen, die hinter dem Herzen liegen. Sie besitzen kein Haus.

Bauplan einer Vorderkiemerschnecke

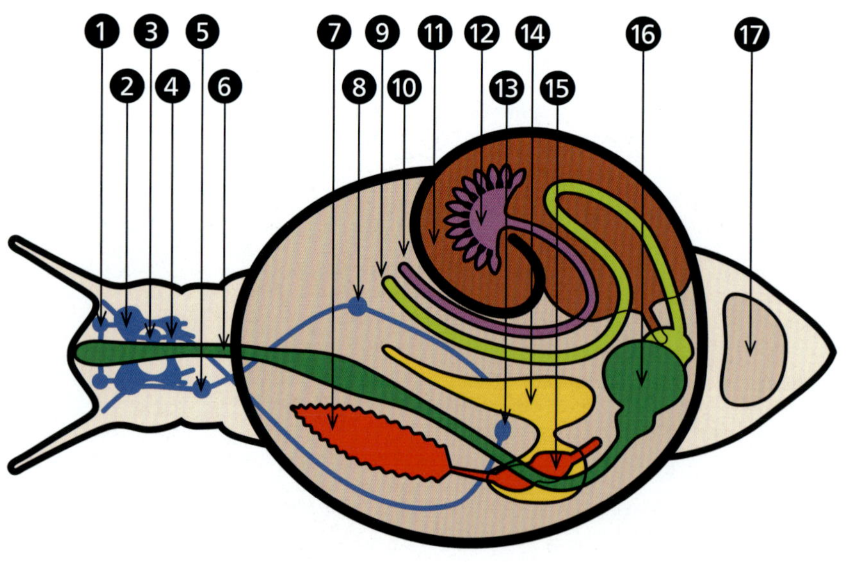

1 Buccalganglion
2 Cerebralganglion
3 Parietalgaglion
4 Pedalganglion
5 Pleuralganglion
6 Ösophagus
7 Kieme
8 Supraintestinalganglion
9 After
10 weibliche Geschlechtsöffnung
11 Mitteldarmdrüse
12 Gonaden
13 Visceralganglion
14 Nieren
15 Herz
16 Magen
17 Deckel

Die Gattung *Clithon*, hier *Clithon diadema*, ist ein typisches Beispiel für die Vorderkiemer.

Planorbarius corneus, die einheimische Posthornschnecke, gehört zu den Lungenschnecken.

Das Schneckenhaus

Bei diesem Haus sehen wir hellbraun gefärbt das Peristracum und dunkelbraun im Mündungsbereich das Ostracum.

Das Schneckenhaus ist ein röhrenähnliches, gedrehtes Gebilde, das innen hohl ist und sich als Nabel öffnet. Die äußere Schicht, Peristracum genannt, besteht aus einem Proteingemisch, das vom Mantelrand abgeschieden wird. Diese Schicht schützt vor Korrosion, ist aber verletzbar. Bei manchen Schneckenhäusern bildet sie haarige Strukturen (Tuberkel) oder auch interessante Farben und Musterspiele. Die Hauptschicht, das Ostracum, wird vom Mantelrand hergestellt. Sie besteht aus Kalkmaterial, welches in Prismen und Plattenformen ausgeschieden wird. Die dritte Schicht, das Hypostracum, kommt vor allem bei Meeresschnecken vor.

Der Deckel (Operculum), der nicht bei allen Schnecken vorhanden ist, besteht aus Conchin und Kalk. Bei den meisten Arten kann das Haus mit dem Deckel verschlossen werden. Bei der Gattung *Brotia* sind allerdings die Deckel viel kleiner als der Gehäuseeingang. Alle Ampullariden, Neritiden und Thiariden besitzen einen Deckel, die Planorbiden und Physiden niemals. Der Deckel dient zum Schutz vor Feinden und dem Austrocknen bei Trockenfallen der Umgebung. Die Form des Hauses kann schon Aufschluss darüber geben, um welche Gattung es sich handelt. Auch ob ein Operculum vorhanden ist oder nicht, hilft bei der Bestimmung weiter.

Die Spitze des Schneckenhauses wird Apex genannt, die Naht, die spiralförmig um das Haus läuft und die Umgänge trennt, wird als Sutur bezeichnet. Umbilicus heißt der Nabel, der die Öffnung der Spindel ist, um die sich das Haus windet. Vom Nabel bis zum untersten Punkt der Mündung sprechen wir von der Columellaris. Palatalis wird der Teil vom tiefsten Punkt der Mündung bis zum Beginn der ersten Naht genannt. Entlang des ersten Umganges verläuft die Parietalis. Hier werden Farbmuster und hervorstechende Merkmale wie Höckerchen oder Ähnliches gebildet. Kleine und feine Strukturen werden Rillen genannt, gröbere Strukturen Rippen. Zeigen sie sich quer zur Naht, sind es Querrillen oder Querrippen. Es können Höckerchen, Dornen, Stacheln, oder haarähnliche Gebilde produziert werden. Manche Gehäuse besitzen abgerundete Umgänge, andere abgekantete.

Bei manchen Schnecken findet man auch Siphonalrinnen oder Stromboidkerben, durch die mit einem Auge geschaut werden kann.

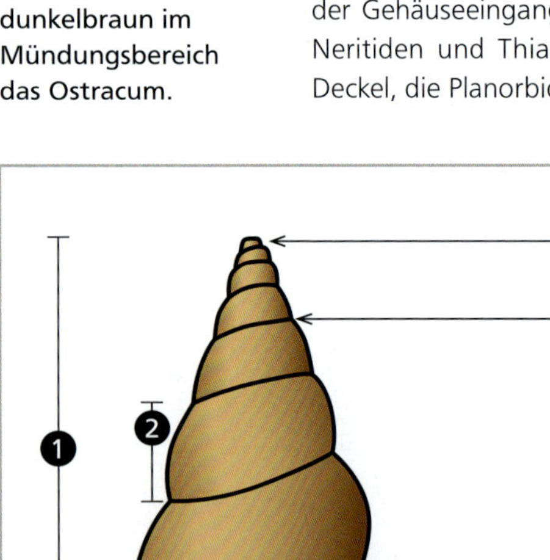

1 Gewindehöhe
2 Umgang
3 Gehäusebreite
4 Mündungsbreite
5 Gehäusespitze (Apex)
6 Naht (Sutur)
7 Nabel
8 Mündung

1 Das Peristracum dieser Neritide zeigt unteschiedliche Farben und Muster.

2 Das Operculum der Turmdeckelschnecke wird zum Schutz geschlossen, es passt genau.

3 Die haarähnlichen Borsten von *Thiara cancellata* werden an der Parietalis gebildet ...

4 ...genauso wie die „Hörnchen“ bei den *Clithon*.

A: Nabellage.
B: Vorderansicht.
C: Draufsicht.

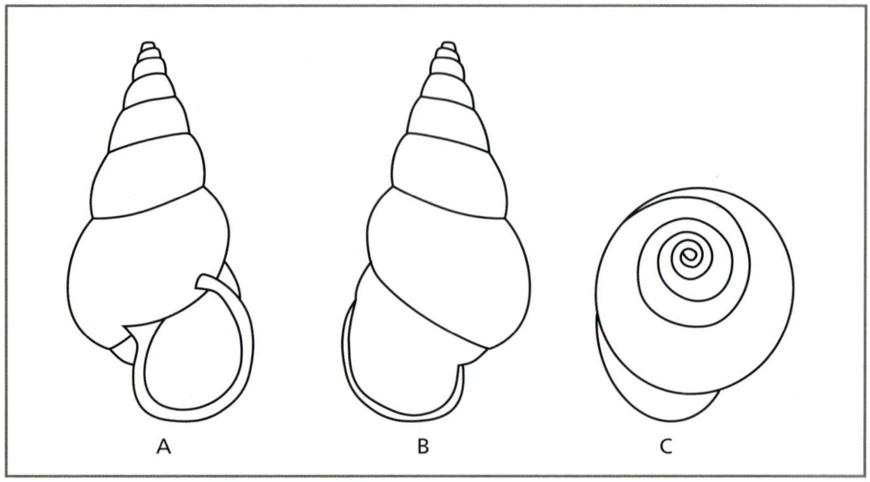

Schneckenhaus bestimmen

Zur Bestimmung beschreiben wir das Haus am besten aus drei Positionen: in der Nabellage (das heißt wir schauen auf die Mündung, wo auch der Nabel zu sehen ist), dann genau um 180 °C gedreht und als Letztes betrachten wir das Haus von oben und schauen genau auf die Spitze.

Typisches langgezogenes, kegelförmiges Haus einer *Melanoides tuberculatus*.

Wir können verschiedene Grundformen erkennen. Das typische Haus einer Kahnschnecke (Neritide), das halbkugelförmig oder oval ist, aus dickem Material und im Mündungsbereich flach und selten die Umgänge erkennen lässt.

Das kegelförmige Haus ist langgezogen wie bei der Turmdeckelschnecke *Melanoides* sp. oder eher breit und gedrungen wie bei der Apfelschnecke. Ein tellerförmiges Haus, welches flach gewunden ist, finden wir zum Beispiel bei den Posthornschnecken (Planorbiden)

Stellen wir uns eine Längsachse vor, die durch das Haus verläuft: Liegt die Mündung rechts der Achse, handelt es sich um ein rechtsgewundenes Haus, seltener haben wir auch linksgewundene Häuser wie bei der Blasenschnecke.

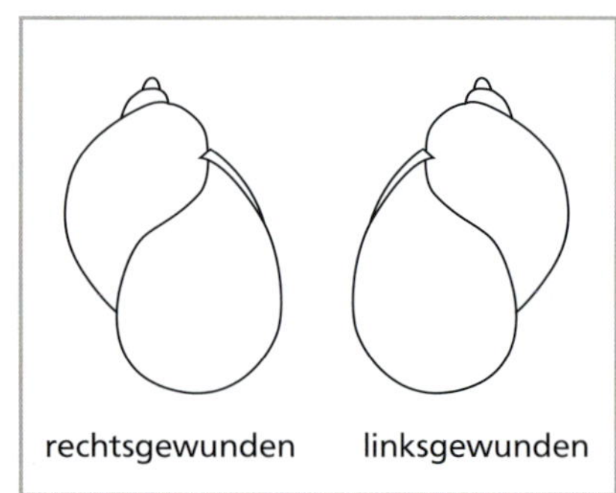

Der Körper

Der Körper der Schnecken ist teilweise von außen zu erkennen. Vorn am Fuß finden wir den Kopf, dort hat sie Tastorgane, die man als Fühler oder Tentakel bezeichnet. Es können zwei oder vier Fühler sein. Manche Wasserschnecken, wie *Brotia herculea,* können sie einziehen, die meisten sind dazu aber nicht in der Lage. Die Form der Fühler kann sehr unterschiedlich sein, bei den Schlammschnecken verbreitern sie sich zur Basis hin, bei den Blasenschnecken sind sie lang und dünn. An der Basis der Fühler sitzen die Augen, meist auf kleinen Erhebungen. Sie können unterschiedlich gefärbt sein. Aufgrund des Aufbaus der Augen kann man davon ausgehen, dass Schnecken keine Farben erkennen können, sehr wohl aber hell und dunkel. Zur Orientierung benötigen sie die Fühler, mit denen sie sich durchs Wasser tasten. Sehr schön kann man dies bei den Apfelschnecken beobachten.

Wasserschnecken besitzen Blasenaugen, die eine Weiterentwicklung des Grubenauges sind. Aus der Grube wird eine blasenförmige Einstülpung, die nur noch eine zu einem Loch verengte Öffnung besitzt, die mit einer feinen Schicht bedeckt ist. Der Hohlraum ist mit Sekret befüllt. Die Sehzellen liegen in einem Sehzellenepitel, somit ist ein bildliches Sehen möglich.

Oben: Der Kopf ist vom Fuß abgesetzt, man kann die Fühler und das Maul mit der Raspelzunge erkennen.

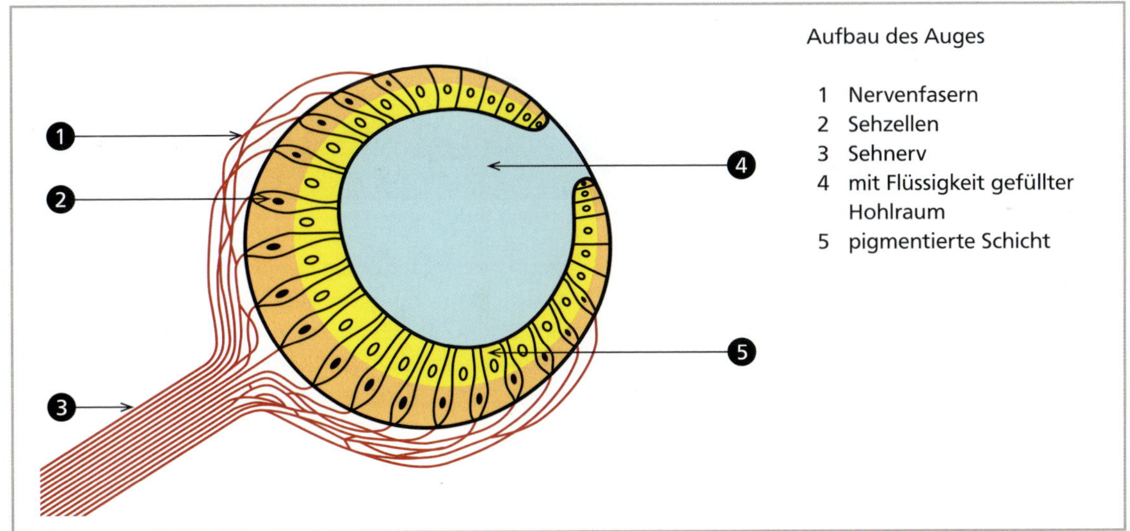

Aufbau des Auges

1 Nervenfasern
2 Sehzellen
3 Sehnerv
4 mit Flüssigkeit gefüllter Hohlraum
5 pigmentierte Schicht

Der muskulöse Fuß ist vielseitig einsetzbar, zum Graben, zur Fortbewegung, zum Ergreifen des Futters und schließlich kann sie damit ihren Geschlechtspartner festhalten. Am Fuß entlang läuft häufig eine Rinne, auf der die Eier heraustransportiert werden.

Der unsichtbare Teil der Schnecke besteht aus dem Eingeweidesack, der mit dem Kopf verbunden ist und sich im Laufe der Evolution gedreht hat, die Organe und Rezeptoren liegen nun nahe am Kopf. Der mit dem Eingeweidesack verbundene Mantel besteht aus einer Doppelfalte und scheidet kalkhaltiges Material für das Gehäuse ab. Der Hohlraum zwischen Mantel und Fuß wird Mantelhöhle genannt. Dort liegen die Atmungsorgane sowie die Öffnung von After, Ausscheidungs- und Geschlechtsorganen. Durch den Spindelmuskel ist der Körper der Schnecke mit dem Haus fest verbunden. Die Haut ist mit Drüsen ausgestattet, die Eiweißproteine, Kalk und Schleim absondern. Der Schleim schützt vor dem Austrocknen und erleichtert das Vorwärtskommen.

Oben: Beim geöffneten Maul kann man die Zahnreihen sehen, mit denen die Nahrung geraspelt wird.

Der große Fuß, Kopf, Fühler, Maul und Radula sowie die orangefarbenen Fortsätze des Mantels sind gut zu erkennen.

Bei den Männchen der Sumpf- und Flussdeckelschnecken dient der rechte Fühler zudem zur Befruchtung. Er ist etwas dicker und wird in die weibliche Geschlechtsöffnung geführt.

Am Ende des Kopfes finden wir das Maul mit seiner Raspelzunge, die mit vielen nachwachsenden Zähnchen versehen ist.

Der Kreislauf

Besonders gut kann man den roten Blutfarbstoff bei den Posthornschnecken sehen. Das Blut wird in der Niere gefiltert und durch das Herz gepumpt. Abfallstoffe wie Harn werden im Nierengewebe gespeichert und später ausgeschieden. Das Herz liegt in einem Herzbeutel, das Zirkulationssystem ist offen. Der Herzbeutel besteht in der Regel aus einer Kammer, die Aorta führt einmal zum Kopf und zum Eingeweidesack. Die anschließenden Arterien öffnen sich in Lakunen, dies sind Gänge, denen Blut zugeführt und entzogen werden kann. Der Gasaustausch erfolgt über die Kiemen oder eine Schneckenlunge. Die Kiemenblättchen liegen meist, außer bei der Federkiemenschnecke, in der Mantelhöhle, die Lunge liegt im Dach der Mantelhöhle.

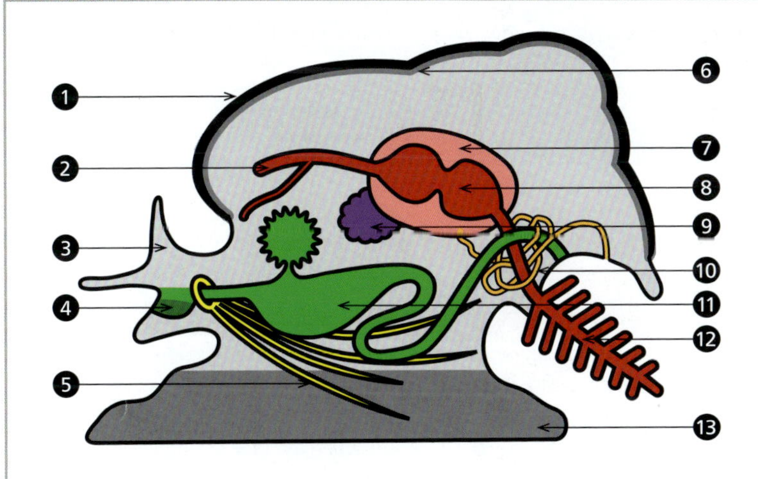

Bauplan einer Urschnecke

1 Schale
2 Kreislauf (rot)
3 Kopf und innerer Körper
4 Radula
5 Nervensystem
6 Mantel
7 Herzbeutel (Perikard)
8 Herz
9 Gonade (Geschlechtsorgan)
10 Exkretion
11 Verdauung (grün)
12 Kieme
13 Fuß

Die Sinneswahrnehmung

Die Wasserschnecken besitzen Blasenaugen, mit denen sie hell und dunkel unterscheiden sowie Bilder wahrnehmen können (s. S. 13). Über ihre Mechanorezeptoren, die sich meist im Kopfbereich befinden, können Druck- und Temperaturveränderungen sowie magnetische und elektrostatische Felder erkannt werden. In der Nähe des Kopfes liegen wichtige Nervenknoten (Cerebralganglien). Von hier aus führen zwei paarig angelegte Nervenstränge sowie fünf Ganglien (Nervenknoten) in den restlichen Körper. Sie versorgen den Fuß (Pedalganglion), die Mantelhöhle (Pleuralganglien), die Atemorgane und den Eingeweidesack (Visceralganglion).

Seitlich befinden sich die paarweise angeordneten Parietalganglien. Die Nervenknoten in der Nähe des Kopfes sind hauptsächlich für die Sinne zuständig, hier werden Informationen verarbeitet. Sie dienen unter anderem dem Ortsgedächtnis und der Koordination der Schnecke.

Paludomus-loricatus-Nachzuchten nehmen Schneckenfutter auf.

Foto: H. Dieckhoff

Die Nahrungsaufnahme

Wasserschnecken besitzen spezielle Rezeptoren. Diese reagieren auf Stoffe, die der Schnecke mit dem Wasserstrom zugeführt werden. Das Fressverhalten wird durch die Verdichtung dieser Stoffe gelenkt. Besonders schön kann man das bei *Clea helena* beobachten. Sie richtet ihren Sipho nach vorn, Wasser durchströmt ihn und gibt ihren Rezeptoren Informationen, z.B. über das Futter. Dieses wir mit Speichel zersetzt und verzehrt. Bei anderen Schnecken wird das Futter mit der Raspelzunge (Radula) abgeraspelt. Die Zähnchen wachsen ständig nach und variieren in Form, Größe und Anordnung, dies ist immer artspezifisch.

Manche Schnecken, wie die Fluss- und Sumpfdeckelschnecken, sind nicht nur Weidegänger, sondern filtrieren auch das Wasser nach Nahrung. Ihr Verdauungstrakt ist unterteilt in Radula, Mundöffnung, Buccalhöhle, Schlundkopf, Magen und Mitteldarmdrüse, Enddarm und Anus. Neben dem Schlund befinden sich auf beiden Seiten des Magens große Speicheldrüsen. Das Futter wird abgeschabt und wandert dann in die Speiseröhre.

Nachzuchten gehen meist schneller an künstliches Futter als Wildfänge.

Asolene spixi, eine Vorderkiemerschnecke, die ihre Gelege an Hartsubstrat oder Pflanzen heftet.

Vermehrung

Bei den Lungenschnecken gibt es mehrere Möglichkeiten der Reproduktion. Die Tiere sind zwittrig angelegt, das heißt sie haben männliche und weibliche Fortpflanzungsorgane. Sie können sich wechselseitig verpaaren, sind aber auch zur Selbstbefruchtung fähig. Spermien können eingelagert werden, wodurch es möglich ist, einige Wochen hinweg Gelege abzusetzen, die nicht mit eigenem Sperma produziert wurden, sondern mithilfe der gesammelten Spermien anderer Artgenossen.

Die Vorderkiemer sind getrenntgeschlechtlich und ihr Fortpflanzungsverhalten ist vielfältig. Grundsätzlich produzieren die Weibchen Eier und sind lebendgebärend, während das Männchen Spermien und auch Spermienpakete abgeben kann. Die Entwicklung des Nachwuchses findet im Muttertier statt. Es werden entweder fertige Jungtiere entlassen oder auch Eier abgelegt.

Zwei Wochen altes Gelege von *Asolene*. Die Eier sind aufgequollen, man sieht schon die Heranwachsenden.

Wie heißt unsere Schnecke? (Nomenklatur)

Wir sollten uns angewöhnen, unsere Schnecken nur mit dem wissenschaftlichen Namen zu bezeichnen. Die deutschen Handelsnamen sind ungenau, meist kursieren mehrere und sie sind regional unterschiedlich. Dahingegen ist die wissenschaftliche Nomenklatur (lat. nomenklatura = Namensverzeichnis) eindeutig und international.

Der erste Teil des Namens bezeichnet die Gattung des Tieres, der zweite die Art. Bei *Brotia pagodula* beispielsweise, gehört die Schnecke zur Gattung *Brotia* und *pagodula* ist die Artbezeichnung. So entsteht auch oft der gebräuchliche deutsche Name, hier zum Beispiel ‚Pagodenschnecke'.

Steht hinter der Art ein Name in Klammern, handelt es sich um die Untergattung. Handelt es sich um eine Unterart, finden wir diese im Anschluss an die Art.

Hinter Gattung und Art finden wir in wissenschaftlichen Werken auch noch den Namen des Erstbeschreibers und das Jahr der gültigen Beschreibung.

Brotia pagodula ähnelt der Form einer Pagode.

Der Name von *Asolene Spixi* bezieht sich auf den Zoologen Johannes Baptist von Spix.

Brotia armata (lat. armatus = bewaffnet, was sich auf die Hausfortsätze bezieht).

Foto: Unsplashed, Pixabay

Ein *Marisa*-Männchen sitzt oben rechts auf dem Weibchen und dringt mit seinem Geschlechtsorgan in den Porus.

Apfelschnecken
Ampullariidae

Die Zebraapfelschnecke (*Asolene spixi*) darf gehalten und vermehrt werden, da sie nicht zur Gattung *Pomacea* gehört.

Alle Vorderkiemer, zu denen auch die Apfelschnecken (Ampullariidae) gehören, haben einen Gehäusedeckel (Operculum) und sind getrenntgeschlechtlich, das heißt, es gibt Männchen und Weibchen. Sie gehörten zu den beliebtesten Schnecken in der Aquaristik. Leider besteht seit 2012 ein Handels- und Zuchtverbot für die *Pomacea*-Arten in Europa. Grund dafür ist die Tatsache, dass im Ebrodelta (Spanien) *Pomacea*-Arten die Reisernte vernichten. Somit ist das Handeln, Züchten und die Weitergabe von *Pomacea*-Arten verboten. Ende 2014 sollte eigentlich beraten werden, ob der Erlass geändert werden wird, leider ist bis heute nichts geschehen (Stand 4/2016). Tiere, die sich noch in unseren Aquarien befinden, dürfen gehalten, aber nicht vermehrt werden, weshalb ich nachfolgend auch einige Arten beschreibe.

Die Apfelschnecken sind überwiegend im tropischen und subtropischen Klima zu finden, manche Arten auch im gemäßigten Klima. Sie sind unterteilt in neun Gattungen und ungefähr 160 Arten. Für die

Aquaristik interessant sind die Gattungen *Pomacea, Marisa* und *Asolene* aus Süd- und Mittelamerika sowie die Gattung *Pila* aus Afrika und Asien. Typisch für die Apfelschnecken ist das zweite Paar Fühler am Maul (Labialtentakel). Auffällig ist auch der Sipho, ein Teil des Mantels, der zur Röhre geformt ist und ausgefahren werden kann. Der Sipho sitzt links und nimmt Luft auf, die dann in den Luftsack strömt. Daneben besitzen sie aber auch eine Kieme und beides ermöglicht den Tieren das Luftholen, ohne direkt an die Oberfläche kriechen zu müssen.

Im Gegensatz zu anderen Arten laichen *Pomacea*- und *Pila*-Arten über der Wasseroberfläche. Während die Überwasserlaicher nach dem Legen relativ schnell an der Oberfläche aushärten oder schon ‚kalkig' gelegt werden, sind die Gelege der Unterwasserlaicher zum Schutz der Eier geleeartig, weich und durchscheinend. Sie werden im Aquarium an Pflanzen, Holz oder hartem Substrat, wie Scheibe oder Filter, angeheftet.

Wenig Bedeutung für die Aquaristik haben folgende Gattungen und Arten:

Gattung *Felipponea*, mit einem Gehäuse, das an Kahnschnecken (Neritidae) erinnert, weshalb man von neritoid spricht. Sie leben in Uruguay und Brasilien und ihr Gehäuse ist je nach Art ein wenig unterschiedlich und etwa 31 (H) bis 27 (B) mm groß.

Zur Gattung *Lanistes* aus Afrika gehört die Gekielte Apfelschnecke (*Lanistes carinatus*). Ihr Haus wird 25 mm hoch und 45 mm breit, ist hellbraun mit einem Stich ins Rote, gelegentlich mit weißen Spiralbändern. Sie ist linksgewunden. Das Haus besitzt einen tiefen Nabel. Der Körper ist zimtbraun mit dunklem Muster, der Fuß blaugrau mit braunem Rand. *Lanistes* cf. *varicus* findet man in Westafrika, Ghana, im Senegal, in Gambia, Mali, an der Elfenbeinküste, in Nigeria, Niger und im Obervolta.

Saulea vitrea lebt in Südafrika, ihr Haus wird bis zu 45 mm hoch und 36 mm breit. Ihr Körper ist braungelb mit dunkelgrauen Flecken. Auffällig sind ihr fast transparenter Deckel und der dunkle Rand auf der Innenseite der Mündung sowie das dünne kalkige Gehäusematerial und das dicke Periostrakum.

Das Haus von *Pomella megastoma* aus den Fließgewässern Brasiliens und Argentiniens kann bis zu zehn Zentimeter groß werden. Die Mündung ist größer als die Hälfte der Gehäusehöhe. Es ist rot bis dunkelbraun, die Innenseite weiß. Der Deckel ist dick und sehr dunkel, fast schwarz. Ihr Körper variiert von Weiß bis fast Schwarz mit gelblichen Punkten.

Afropomus balanoidea aus Westafrika hat ein ca. 26 Millimeter großes, kräftiges Haus mit Deckel, dessen Farbe zwischen Hell- und Mittelbraun liegt. Es hat bis zu 17 dunklere Längsbänder.

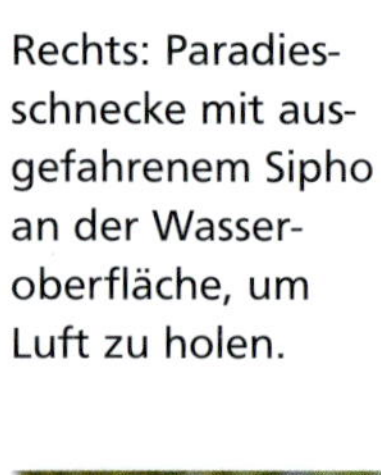

Links: Ein mehr als drei Tage altes *Marisa-cornuarietis*-Gelege, kunstvoll um ein Wasserpflanzenblatt geklebt.

Rechts: Paradiesschnecke mit ausgefahrenem Sipho an der Wasseroberfläche, um Luft zu holen.

Aquarium für Apfelschnecken

Die immer wieder verbreitete Formel, dass man zehn Liter für eine Schnecke rechnet, lässt die Vermutung zu, dass eine Apfelschnecke in einem 10-Liter-Gefäß erfolgreich gehalten werden kann. Ich empfehle bei einem wöchentlichen oder zweiwöchentlichen Wasserwechsel eine Apfelschnecke in einem Aquarium nicht unter 20 Litern, oder aber einer Kantenlänge von 20 Zentimetern zu halten, damit sie sich ausreichend bewegen kann. Der optimale Besatz für ein Aquarium mit einer Kantenlänge von 60 Zentimetern wären ein Männchen und drei Weibchen. Es ist wichtig, dass die weiblichen Tiere in der Überzahl sind, damit sich das Aufsitzen der Männchen reduziert. Viele Apfelschneckenhalter haben, wie auch ich, festgestellt, dass die männlichen *Pomacea* untereinander aufreiten. Das Tier, welches bestiegen wurde, verendet meist innerhalb der nächsten 48 Stunden.

Eine solide Abdeckung verhindert das Verlassen des Beckens. Außerdem ist darauf zu achten, Steinaufbauten, Filteransaugrohre und Dekorationen so anzubringen, dass für die Schnecke kein Verletzungs- oder Einklemmrisiko besteht, denn die Schnecke kann nicht rückwärts kriechen, um sich aus einer Zwangslage zu befreien. Hier kommt dann oft jede Hilfe zu spät und das Tier verendet jämmerlich.

Um ein schönes Haus zu entwickeln, sind regelmäßige Wasserwechsel und ein genügend großes Aquarium notwendig.

Pomacea diffusa, leider aus dem Handel verbannt.

Asolene spixi, kopfüber an der Wasseroberfläche zur Nahrungsaufnahme.

Das Operculum mit seinem exzentrischen Nukleolus wird zum Verschließen des Hauses herangezogen.

Asolene spixi (d'Orbigny, 1837) Zebra-Apfelschnecke

Ihr Gehäuse bedeckt den Körper und den Fuß, auch der Sipho wird selten ausgestreckt. Das 25 bis 40 mm große Gehäuse besitzt einen Deckel, ist rund bis leicht oval und rechtsdrehend. Die Nähte der Umgänge sind nicht ausgeprägt und die Winkel zwischen den Umgängen sehr flach. Die Gehäusefarbe variiert zwischen Gelb und Beige mit dunklen, fast schwarzen Bändern. Der Deckel hat einen nahe am Gehäuse liegenden Kern, um den die Wachstumsringe konzentrisch angeordnet sind. Er kann komplett in die weiß gefärbte Mündung gezogen werden und das Haus verschließen. Die Unterseite ist immer dunkel und die Oberseite hell. Die Körperfarbe variiert zwischen Gelb und Braun mit schwarzen Punkten, wobei der Fuß an der Spitze und am Ende dunkler pigmentiert ist. Die Fühler sind etwas länger als die Länge des Fußes, während der Sipho deutlich kürzer ist.

In den meisten Aquarien zeigt sie sich als eher nachtaktiv bzw. bevorzugt dunkle und schattige Regionen im Becken. Ihre Bewegungsfreude geht bei Temperaturen ab 20 °C und darunter deutlich zurück. In ihrem Habitat lebt sie unter anderem mit *Marisa cornuarietis* zusammen.

Die getrenntgeschlechtlichen Tiere sind mit ca. sechs Monaten und einer Größe von zwei Zentimetern geschlechtsreif. Nach der Befruchtung verklebt das Weibchen das Gelege im Wasser. Es kann zwischen 1,5 und drei Zentimetern groß sein und entwickelt sich bei einer konstanten Wassertemperatur von 23 °C innerhalb von 14 Tagen und entlässt dann bis zu 40 Jungschnecken. Die Eier quellen innerhalb der ersten drei Tage um das Zwei- bis Dreifache ihrer Ursprungsgröße auf.

Mit einem ruhigen Fisch- und Garnelenbesatz kommt sie gut zurecht, kommt aber in einem Artenbecken weitaus besser zur Geltung und vermehrt sich auch besser. Bei stärkerer Beeinträchtigung durch zudringliche Fische stoppt sie die Eiablage.

Verbreitung: Südosten Brasiliens
Größe: bis 40 mm
Lebenserwartung: 2 bis 4 Jahre
Aquariengröße: ab 15 Liter
Wassertemperatur: 10 bis 30 °C
Härte: von weich bis hart
pH-Wert: 5,5 bis 8,5
Futter: Spirulinatabletten, Gemüse, Wasserpflanzen (kein Javamoos, Wasserpest und Muschelblumen). Auch tierisches Eiweiß und jede Form von Futtertabletten. Bei Nahrungsmangel vergreift sie sich an anderen Schnecken
Aquarienabdeckung: nein

Gelegentlich findet man auch Farbvariationen bei der Körperpigmentierung, hier rötliche Pigmente auf den Fühlern.

Oben: Die Unterseite des Hauses ist tief eingesenkt.

Unten links: Auch *Marisa* besitzt zwei Paar Tentakel. Am Maul sitzen die Labialtentakel.

Rechts: Das Gelege der Paradiesschnecke quillt innerhalb von drei Tagen deutlich auf.

Marisa cornuarietis (Linnaeus, 1758) Paradiesschnecke

Ihr enormer Hunger nach unseren Wasserpflanzen ist möglicherweise schuld daran, dass sie sich nicht wirklich bei uns durchgesetzt hat. Sie ist aber, sofern man auf Pflanzen verzichten kann, eine wirklich attraktive und schöne Schnecke.

Die Unterseite des flachen Hauses ist meist hell und tief, die Oberseite häufig einfarbig dunkel. Eine gestreifte Variante besitzt fünf bis sieben Streifen, die dunkelbraun, fast schwarz oder rot sein können. Aber auch in einfarbigem Beige kommt sie vor. Sie besitzt einen Deckel, der das Gehäuse komplett verschließen kann.

Ihr Körper weist ein sehr schönes weiß, grau und schwarzes Fleckenmuster auf.

So deutlich zeigt die Parsdiesschnecke ihre Fühler und den Sipho nur, wenn sie ungestört im Becken ist.

Ihre Fühler sind lang, der Sipho ist geschlossen und besitzt keine Rinne. Beim Männchen ist die Mündung von vorn betrachtet rundlicher und mehr gewölbt als beim Weibchen.

Das Weibchen kann die Samen speichern, sodass eine Gelegeproduktion auch bei nicht Vorhandensein des Geschlechtspartners noch einige Zeit weitergehen kann.

Es legt an harte Wasserpflanzenstängeln oder -blättern ihr 100 bis 150 Eier umfassendes, ca. 10 Zentimeter langes geleeartiges Gelege ab. Innerhalb von drei Tagen quellen die Eier auf das dreifache Volumen an. Bei einer konstanten Wassertemperatur von 26 °C schlüpfen die Jungschnecken innerhalb von zehn Tagen. Bei tieferer Temperatur dauert die Entwicklung länger.

M. cornuarietis ist robust und wird gern in Malawibecken gehalten, da sie mit Belästigungen durch andere Aquarientiere sehr gut zurechtkommt. Zu ihrer vollen Entfaltung kommt sie in einem Wirbellosenbecken (ohne Krebse). Möchte man nur eine Schnecke halten, wäre ein Männchen vorteilhaft, denn die Schlüpfrate eines einzigen Geleges liegt nach meiner Erfahrung bei 99 Prozent.

Verbreitung: Brasilien, Honduras, Venezuela, Panama, Costa Rica, Florida und Texas. Überall dort, wo die Temperatur nicht unter 12 °C sinkt, es genügend pflanzliche Nahrung und Wasser gibt

Größe: bis 70 mm

Lebenserwartung: 2 bis 4 Jahre

Aquariengröße: 50 bis 60 cm

Wassertemperatur: 15 bis 30 °C

Härte: von weich bis hart

pH-Wert: 5,5 bis 8,5

Futter: Wasserpflanzen mit Ausnahme von Wasserpest, *Nymphoides* sp. 'Taiwan' und Muschelblumen. Gemüse, Herbstlaub, Mückenlarven, Krabben, Muscheln und Aas. Jungtiere fressen gelegentlich Gelege der eigenen und anderer Arten

Aquarienabdeckung: nein

Pomacea canaliculata (Lamarck, 1822) Gefurchte Apfelschnecke

Deutlich sieht man die tiefe Naht mit dem spitzen Winkel zwischen den Umgängen.

Foto C. Lukhaup

Ihr Gehäuse ist rund und rechtsdrehend, sie unterscheidet sich von *Pomacea diffusa* durch eine tiefe Naht, der Winkel zwischen den Umgängen ist spitzer als 90 Grad. Das Haus ist gelbgrün oder braun mit variablen dunklen Streifen, der Körper gelbgrau bis fast schwarz und gesprenkelt, auch sie besitzt einen stabilen Deckel .

Ihr pinkfarbenes bis rotes Gelege wird außerhalb des Wassers abgelegt und ist für kleine Säugetiere giftig. Je nach Feuchtigkeit und Umgebungstemperatur kann es drei Wochen dauern, bis sie schlüpfen.

Wer gleichzeitig Posthornschnecken züchtet, sollte *Pomacea canaliculata* aus seinem Aquarium verbannen, auch wer sie mit Wasserpflanzen vergesellschaften möchte, ist schlecht beraten. Friedliche Fische sind möglich.

Verbreitung: Amazonasbecken bis in den Südosten Brasiliens, Indonesien, Thailand, Kambodscha, Hongkong, Südchina, Japan, Philippinen, Texas und Florida

Größe: bis 70 mm

Lebenserwartung: bis 4 Jahre

Aquariengröße: ab 50 Liter

Wassertemperatur: 18 bis 30 °C

Härte: von weich bis hart

pH-Wert: 5,5 bis 8,5

Futter: Herbstlaub, Futtertabletten, Flocken, Crisps, Wasserpflanzen, Schnecken und deren Gelege – bei akutem Nahrungsmangel auch Artgenossen

Aquarienabdeckung: ja

Links: Gelege von *P. canaliculata* bei einem Züchter in Taiwan. Foto M. Kilic

Rechts: Das rot bis pinkfarbene Gelege einer *P. canaliculata* kann bis zu 500 Eier umfassen.

Foto C. Lukhaup

Weiße Zuchtform ihrer Art. In Europa herrscht leider ein Verkaufsverbot für diese Schnecken.

Pomacea diffusa Blume, 1957 Spitze Apfelschnecke

Unter dem Namen *Pomacea australis* wurde sie bereits Anfang des 20. Jahrhunderts nach Europa importiert und wurde inzwischen in vielen Farben (Gelb, Braun, Braun mit Streifen, Lila, Weiß, Pink oder Rosa) nachgezüchtet. Ihr Gehäuse ist rund und hat fünf Umgänge, die im Winkel von 90 Grad zueinander stehen. Der Körper kann hell, fast weiß sein, gelblich oder dunkel bis schwarz. Auffallend sind hell schimmernde Flecken am Körper.

Bei hellen Tieren (gelb/weiß) kann das Weibchen unterschieden werden. Es besitzt von außen betrachtet – schaut man auf das Haus – einen dunklen Bereich, der durch das Haus durchschimmert, dies sind die Ovarien. Sie befinden sich, vom Apex her betrachtet, im Umgang darunter. Ganz sicher kann man aber nur sein, wenn man die Schnecken bei der Kopulation beobachtet, denn obenauf sitzt immer das Männchen.

Die Weibchen können nach erfolgreicher Befruchtung Samen speichern und somit über einige Wochen hinweg Gelege produzieren, ohne auf einen Sexual-

Beigefarbenes, ausgehärtetes Gelege einer *Pomacea diffusa*.

Eine weiße *Pomacea* mit hellem Fuß ist eine besonders attraktive Zuchtform.

partner angewiesen zu sein. Das weiß-beigefarbene Gelege kann bis zu 400 Eier umfassen, die Gelege im Aquarium sind aber in der Regel kleiner. Bei einer Wassertemperatur von 25 °C und einer Komplettabdeckung ist mit einem Schlupf zwischen dem siebten Tag und der zweiten Woche zu rechnen. Je feuchter und wärmer die Gelege gelagert sind, desto schneller erfolgt der Schlupf. Fällt das Gelege ins Wasser, schlüpft es dort. Entgegen der Meinung, die Kleinen könnten dann ertrinken, leben sie durchaus nach dem Schlupf und kriechen sofort umher. Da wir die Schnecken nicht mehr vermehren dürfen, sollte das Gelege abgeschabt und durch Tiefgefrieren bei -21 °C zerstört werden. Verpasst man das Entfernen des Geleges und entdeckt Jungtiere, werden diese zwischen dem vierten und sechsten Lebensmonat wiederum geschlechtsreif. Die Fütterung mit eiweißreichem Futter, vor allem tierischem Eiweiß, fördert das Wachstum.

Eine Vergesellschaftung mit Panzerwelsen, Zwerggarnelen und anderen nicht carnivoren Schnecken ist unproblematisch. Mit friedlichen Fischen, die nicht an ihren Fühlern oder dem Sipho zupfen, ist ein Zusammenleben möglich. Abstand sollte man von größeren Welsen nehmen, die das Gehäuse der Apfelschnecke mitunter als Rastpunkt benutzen und es abraspeln.

Verbreitung: Mittel- und Südamerika, Asien

Größe: 50 bis 60 mm

Lebenserwartung: 1 bis 2,5 Jahre, bei guter Pflege 4 Jahre

Aquariengröße: ab 20 Liter

Wassertemperatur: 20 bis 30 °C

Härte: von weich bis hart

pH-Wert: 5,5 bis 8,5

Futter: Pflanzenreste, Wasserlinsen (*Lemna minor*), Teichlebermoos (*Riccia fluitans*) und andere weiche Pflanzen, frisches oder abgebrühtes Gemüse ohne Schale, getrocknete Blätter von Eichen, Buchen oder Walnuss

Aquarienabdeckung: ja

Pila ampullacea (Linnaeus, 1758) Asiatische Apfelschnecke

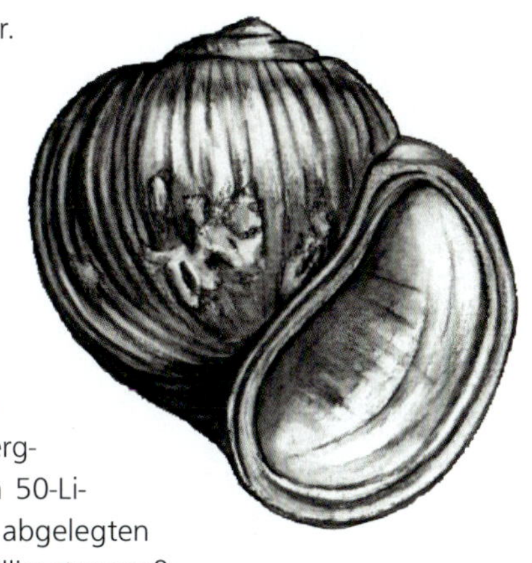

Zeichnung: Thorsten Hardel, 39punkt.de

P. ampullacea kommt in Asien, Thailand, Malaysia und Java vor. Alle *Pila*-Arten können Trockenzeiten gut überdauern, da sie den Deckel mithilfe einer Kalkschicht abdichten können. Sie lebt in langsam fließenden oder stehenden Gewässern, in weichem Substrat, in dem sie gerne gräbt.

Das Haus der Schnecke ist 86 Millimeter breit und verläuft konisch. Es ist braun bis olivfarben, einige Längsstreifen können schwach ausgebildet sein. Der Deckel ist kalkig und innen weiß bis rosa.

Die Schnecke ernährt sich von frischen und abgestorbenen Wasserpflanzen, Aas, Futtertabletten und allen Resten. Mit Zwerggarnelen und nicht aufdringlichen Fischen kann sie in einem 50-Liter-Aquarium gut zusammen leben. Die außerhalb des Wassers abgelegten Gelege bestehen aus ungefähr 60 Eiern, jedes fünf bis zehn Millimeter groß.

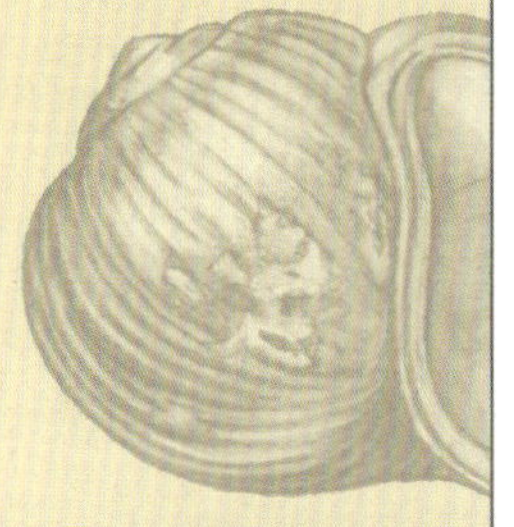

Pila globosa (Swainson, 1822) Kugelige Apfelschnecke

P. globosa lebt im Ghangesgebiet in Indien und in Bangladesh. Das Haus hat einen Durchmesser von sechs Zentimetern. Sie bevorzugt eine Temperatur von 25 bis 38 °C sowie ein 50-Liter-Aquarium mit Abdeckung. Das weiße Gelege wird oberhalb des Wasserspiegels abgelegt. Die einzelnen Eier sind zwischen vier und sieben Millimeter groß. Der Schlupf findet bei Temperaturen von 32 bis 38 °C nach 14 Tagen statt. Halten wir sie bei geringeren Temperaturen, verlängert sich die Entwicklungszeit. Bei 25 °C benötigt die Entwicklung von der Ablage bis zum Schlupf drei Wochen.

Pila wernei (Philippi, 1851) Afrikanische Riesenapfelschnecke

P. wernei lebt im tropischen Afrika, vom Südsudan, Mali bis Ägypten. Die Farbe des Hauses variiert von braun bis olivegrün mit einigen Spiralbändern. Sie bevorzugt ein 50-Liter-Aquarium mit einer Wassertemperatur von 25 bis 38 °C sowie einem pH-Wert von 5,5 bis 8,5.

Habitat von Neritiden und Thiariden in Japan nahe des Meeres. Foto: M. Kilic

Kahnschnecken
Neritidae

Typische Vertreter der Neritidae ist *Neritina turrita* in vielen Farbvariationen.

Zur Familie der Neritidae gehören die Gattungen *Neritina, Clithon, Neritodryas*, und für die Aquaristik weniger relevant *Septaria, Theodoxus, Smaragdia, Nerita* und *Puperita*.

Das äußere Erscheinungsbild ist innerartlich sehr unterschiedlich, sodass die Zuordnung schwierig ist, es sei denn, man untersucht das Operculum und die Geschlechtsorgane. Unterschiedlich sehen die Eier aus. Bei der Gattung *Clithon* sind sie eher einem länglichen Reiskorn ähnlich, während die der Neritiden eher rund sind. Die verklebten Eier haften sehr gut auf dem Untergrund.

Neritina-Arten, mit Ausnahme der Dornen tragenden *Neritina juttingae*, haben ein halbkugeliges Haus mit unterschiedlichen Mustern. *Clithon*-Arten tragen meist stachelförmige Forstsätze auf dem Haus, weswegen sie auch Geweihschnecken genannt werden. Allerdings finden wir auf adulten *Clithon,* die frisch importiert sind, diese Stacheln nicht mehr.

Von den Geschlechtsmerkmalen her hat *Clithon*, wenn wir denn nachschauen

Links: Bei *Neritina variegata* ist der Körper gesprenkelt, die Sohle hellgrau.

Rechts: Die dornenartigen Fortsätze werden beim Wachstum im Aquarium nicht ausgebildet.

würden und es unterscheiden könnten, ihr männliches Geschlechtsteil in einer Tasche, das haben *Neritina* nicht. Außerdem kann man nach dem Ableben feststellen, dass zwischen Zapfen und Rippen eine Art Wand besteht, die die beiden verbindet. *Neritina*-Arten haben sowohl eine Rippe als auch einen Zapfen, der in Form, Größe und Farbe unterschiedlich ausfallen kann, aber artspezifisch ist.

Kahnschnecken haben einen breiten, ovalen Fuß und einen davon abgesetzten Kopf mit runder Maulöffnung. Darunter ragen zwei schlanke, sehr dünne Fühler hervor. Den Körper sieht man nur, wenn sich die Schnecken im Aquarium ungestört fühlen. Weibchen haben zwei Geschlechtsöffnungen, eine zur Eiablage, die andere zur Befruchtung. Das Geschlechtsteil des Männchens liegt hinter dem rechten Fühler.

Bei der Befruchtung werden vom Männchen über den Penis Spermien oder zu Kokons zusammengefasste Spermienpakete in das Weibchen übertragen. Diese werden zu den weiblichen Geschlechtsteilen weitertransportiert und dort befruchtet. Je nach Gattung und Art variiert die Anzahl der in den Kokons befindlichen Eier. Die Eipakete werden an hartem Substrat angeheftet, das kann Holz, das Glas der Aquarienscheibe oder der Innenfilter sein. Manche Arten bevorzugen die Häuser artgleicher oder auch artfremder Schnecken. Anhand der Größe und Form kann man, mit etwas Mühe, erkennen, von welcher Schnecke die Eier stammen. Das Öffnen der Kokons kann bis zu sechs Monate dauern, allerdings ist eine Aufzucht im Aquarium nicht möglich. In der Natur verdriften die Larven in den Brackwasserbereich der Flussmündungen und von dort aus in das offene Meer. Auf ihrem Heimweg entwickeln sie sich zu fertigen Schnecken.

Anders verhält es sich bei den Schnecken der Gattung *Theodoxus*. Die abgelegten Pakete beinhalten bereits ein befruchtetes Ei. Das Schneckchen entwickelt sich im Paket, während die anderen Eier als Nahrung dienen, und kommt fertig aus dem Paket heraus. Sie wird in der

Abgelegte Eier von *Neritina turrita* auf dem Haus einer *Tylomelania* orange.

Neritina waigiensis bei der Begattung. Das Männchen sitzt oben auf und begattet das Weibchen.

Foto: S. Brolowski/M. Kruck

Aquaristik erfolgreich nachgezogen. Allerdings steht *Theodoxus* in Deutschland und Teilen Europas unter Naturschutz und es ist verboten, Tiere aus der Natur zu entnehmen.

Oft werden Wasserschnecken der Gattung *Neritodryas* importiert und als *Neritina* sp. gehandelt. Allerdings zeigt sich bei den meisten sehr schnell, dass sie aus dem Aquarienwasser entweichen und sich gerne auch mal etwas weiter weg vom Wasser bewegen, deswegen sollte das Aquarium abgedeckt sein, oder aber man setzt diese Tiere in eine Art Paludarium, in dem sie sich auch in feuchten Randzonen bewegen können. Ist ein Tier verstorben, können wir an der Innenseite des Deckels sofort einen sichtbaren Unterschied erkennen. Die Rippe ist deutlich gefurcht und fächerartig verbreitert. Und an der Columellarfläche sind keine Zähnchen zu finden.

Die Gattung *Septaria* mit ihren 13 Arten ist bei uns unter dem Namen Muschelschnecke bekannt, entsprechend ist das Haus geformt. Auffällig ist ihr Operculum. Es kann nicht zum Verschluss des Hauses genutzt werden und ist auch anders geformt als die Deckel der übrigen Neritiden. Auch die typische Mündung ist kaum wahrnehmbar. Nur selten wurde davon berichtet, sie länger als wenige Monate erfolgreich gehalten zu haben. Schon beim Großhändler fallen sie durch ihre hohe Sterblichkeitsrate auf und sollten meiner Meinung nach nicht importiert werden.

Die Kahnschnecken aus unserem Klima, wie die Gattung *Theodoxus*, sind eher selten und stehen unter Naturschutz, weshalb es verboten ist, sie aus der Natur zu entnehmen. Inwieweit es strafbar ist, Schneckennachzuchten dieser Gattung zu erwerben, konnte ich nirgends in Erfahrung bringen.

Sie sind anspruchsvoller als ihre Verwandten, wie beispielsweise *Neritina*-Arten, gehen zögerlicher an zugeführtes Futter und zeigen sich anfälliger bei zu wenigen Wasserwechseln. Aber es ist eine schöne und sich im Aquarium vermehrende Kahnschnecke, die sowohl Kiesel- als auch Grünalgen zu Leibe rückt und nicht zur Plage wird.

1 Neritiden verschließen ihr Haus mit dem Operculum, wenn sie gestört werden. 2 Vorsichtig wird der Deckel geöffnet, sobald die „Luft" rein ist. 3 Der Fuß wird herausgestreckt. 4 Sobald ein kleines Stück festen Grund berührt, kann sie sich drehen. 5 Auge und Fühler schauen unterm Haus vor, um die Lage zu sondieren. 6 Ruckzuck ist das Haus gedreht, Fühler und Körper bleiben darunter. 7 Die erste Zeit nach dem Umdrehen bleibt sie unterm Haus versteckt.

Clithon corona (Linnaeus 1758) Geweihschnecke

Ihr Haus ist besetzt mit hohlen Dornen und variiert in den Farben Schwarz, Orange, Weiß, Braun oder Gelbbraun mit schwarzen Linien, deren Dicke unterschiedlich ist. Die Oberfläche zeigt deutliche Wachstumslinien und ist auffällig rau. Wie bei den meisten *Clithon*-Arten ist die Spitze des Hauses korrodiert. Die Columellaris ist weiß-gelb und feinkörnig, das Operculum hat einen orangefarbenen dunklen Hornsaum, am Nukleolus finden wir einen gelbroten kleinen Fleck. Innen ist der rotgelbe Zapfen und eine schwach entwickelte Zwischenwand, die den Zapfen mit der weißlichen Rippe verbindet. Es dominiert die Farbe Rot, die zum Rand hin dunkler wird.

Der Körper ist grau-weiß-schwarz gemustert, die Fühler sind halb so lang wie die Größe des Hauses.

Verbreitung: Samoa und Tonga, in schnell fließendem Wasser, aber auch in den Mündungsgebieten (nach Starmühlner).

Größe: 15 mm

Lebenserwartung: 5 bis 8 Jahre

Aquariengröße: ab 10 Liter

Wassertemperatur: 18 bis 28 °C

Härte: von weich bis hart und Brackwasser

pH-Wert: 7,0 bis 8,5

Futter: Detritus, künstliches Futter, aber auch Blattwerk

Aquarienabdeckung: ja

C. corona transportiert eine *C. diadema* auf ihrem Haus.

Die Spitzen der Häuser sind meist korrodiert, das Periostracum fehlt.

Clithon diadema (Broderip 1832) Geweihschnecke

Das Haus von *C. diadema* weist – wie man auf den Fotos sehen kann – viele verschiedene Farben auf und kann weiße bis gelbe Flecken oder Streifen haben. Bei jungen Tieren finden wir ein bis zwei Reihen von Stacheln. Mündung und Columellarbereich sind weiß und schmal. Sie besitzt ein weißes bis hellgraues Operculum mit einem rot-orangefarbenen hornigen Rand und einem gelben Nukleolus. Auf der Innenseite sehen wir den gelben Zapfen, der mit der Rippe durch eine Wand verbunden ist.

Ist die *Clithon* im Aquarium ungestört, zeigt sie ihren schönen Körper und ihre Fühler.

Links: Farbvariante der *C. diadema*, das Haus besitzt noch alle Fortsätze.

Rechts: Selten sind die Dornenfortsätze so gut erhalten wie bei dieser Schnecke.

Der Körper ist grau-weiß gemustert und die feinen langen Fühler überragen die Länge ihres Hauses. Die Augen liegen auf einer Erhöhung.

C. diadema lebt in den Flussmündungen, im Brackwasser und Süßwasser. Auf ihrer Wanderschaft dringt sie bis weit in die Süßwasserflüsse vor. Im Aquarium ist wie bei allen *Clithon*-Arten eine Abdeckung des Beckens unbedingt notwendig, sollte es ihnen nicht möglich sein, ins Wasser zurück zu gelangen, wäre das ihr sicherer Tod. Sie zeigen sich als sehr anpassungsfähig und können in hartem, weichem oder brackigem Wasser gehalten werden. Bei der Einrichtung des Aquariums sollte man darauf achten, dass sie sich nirgends verkeilen können, aus einer solchen Notlage können sie sich nicht befreien.

Meine *Clithon diadema* kriechen unermüdlich durch das Aquarium. Ich sehe sie nicht nur auf Holz und an der Scheibenwand, sondern sehr oft auch auf hartblättrigen Pflanzenblättern hin und her kriechen. Auch dort befreien sie die Blätter von allerlei liegen gebliebenem Dreck und kleinen Algen, ohne jedoch das Blatt zu schädigen.

Clithon diadema zeigt wenig Angriffsfläche und kann deswegen mit unterschiedlichsten Fischen zusammen gehalten werden. Natürlich nicht mit Schneckenfressern, deswegen ist eine gemeinsame Behausung mit größeren Krebsen und Krabben auch nicht ratsam. Mit Zwerggarnelen, anderen nicht carnivoren Schnecken und kleinen Fischarten gibt es gar keine Probleme.

Das Weibchen verklebt reiskornähnliche schlanke weiße Kokons mit ca. 40 Einzeleiern auf hartes Substrat.

Verbreitung: von Südostasien bis Neuguinea, den Salomonen, Fidschi und Samoa

Größe: 20 mm

Lebenserwartung: bis zu 8 Jahren

Aquariengröße: ab 10 Liter

Wassertemperatur: 18 bis 28 °C

Härte: von weich bis hart

pH-Wert: 7,0 bis 8,5

Futter: Bodenfisch-Futtertabletten, eingestreutes *Spirulina*, Gemüse und Blattwerk. Füttert man nach der Eingewöhnung mäßiger, fressen sie auch Algen, vorzugsweise grüne harte Algen, die an den Scheiben entstehen

Aquarienabdeckung: ja

1 Steht der Fuß nicht auf festem Substrat, kann sie sich nicht drehen und verhungert langsam.

2 Wird *Clithon* gestört, zeigt sie ihren Körper nicht, bewegt sich und frisst aber weiterhin.

3 Wächst das Haus der *Clithon* im Aquarium weiter, erfolgt meist ein Farb- und/oder Musterwechsel am Haus.

4 Junge *Clithon* beim Abweiden der Aquarienscheibe mit weit ausgestreckten Fühlern.

5 Die ersten zwei Dornenfortsätze in der Nähe des Apex sind abgebrochen.

Foto: Ravini, Pixabay

Neritina auriculata (Lamarck, 1816) Batmanschnecke, Fledermausschnecke

Neritina auriculata mit Kokonresten auf ihrem braunen Haus.

Auffällig ist die Form des braun bis schwarzen Hauses mit den flügelförmigen Verlängerungen, die ihr auch den deutschen Namen einbrachten. Die Columellarfläche ist breit und gelb bis hellbraun oder weißlich-gelb mit 12 bis 20 kleinen Dentikeln (kleine Kalkablagerungen), die darauf sitzen. Der Columellarrand ist schwach konkav. Das hellbraune Operculum ist überzogen mit dunklen Linien und hat einen roten Hornsaum. Im Inneren finden wir einen orange-rötlichen Zapfen und eine weiße schmale Rippe.

N. auriculata hat einen schwarzen Körper mit langen dünnen Fühlern, die Augen sitzen auf Stielen.

Unsere Batman leben knapp oberhalb des Flutrückstaus, gelegentlich liegen sie bei Flut im Brackwasser. Immer sitzen sie an der Unterseite von Steinen in einer durchschnittlichen Oberflächenströmung von 30 bis 50 cm/sec).

Verbreitung: Madagaskar, Maskarenen, Sri Lanka, Andamanen und Nikobaren, Malaiischer Archipel, Philippinen, Molukken, Aru, Neuguinea, Bismarck-Archipel bis zu den südpazifischen Inseln, Salomonen, Neue Hebriden (Vanuatu), Neukaledonien, Fidschi, Samoa, Tahiti und nahe des Äquators bis nach Hawaii (Fundortangaben nach Starmühlner)

Größe: 5 x 4 mm (H x B)

Lebenserwartung: angeblich sechs Jahre, bei den meisten Aquarianern allerdings nicht langlebig

Aquariengröße: ab 20 Liter

Wassertemperatur: 20 bis 28 °C

Härte: von weich bis hart, Brackwasser

pH-Wert: 7,0 bis 8,5

Futter: Detritus, künstliches Futter, aber auch Blattwerk

Aquarienabdeckung: muss nicht unbedingt

Neritina gagates (Lamarck, 1815) Schwarze Rennschnecke

Neritina gagates lebt auf Hartsubstrat in Flüssen, die unter Gezeiteneinfluss stehen.

Foto: C. Lukhaup

Ihr Haus hat meist schwarze Ablagerungen, darunter ist sie gelb bis braun mit feinen dunklen Linien. Die Columellaris ist weiß, auf der Columellarfläche befinden sich ca. zehn kleine Zähnchen. Das Operculum ist braun bis schwarz. Die Vergesellschaftung unterscheidet sich nicht von anderen Neritiden.

Verbreitung: Mauritius, Seychellen und Südafrika

Größe: ca. 25 mm

Lebenserwartung: mind. 15 Jahre (nach J.H. Reichholf)

Aquariengröße: ab 20 Liter

Wassertemperatur: 18 bis 28 °C

Härte: von weich bis hart

pH-Wert: 7,0 bis 8,5

Futter: Detritus, künstliches Futter, aber auch Blattwerk

Aquarienabdeckung: ja

Foto: Ymon, Pixabay

Foto: BMT2016, Pixabay

N. juttingae zeigt im Aquarium wenig von ihrem Körper und ist schwer zu halten.

Neritina juttingae (Mienis, 1973) Fruit-Snail

Verbreitung: Borneo, Sumatra, Indonesien und Singapur. Gefunden auf Steinen an einem kleinen schnell fließenden Bach, im und außerhalb des Wassers (Auskunft Poppe)

Größe: bis 30 mm

Lebenserwartung: keine gesicherte Erkenntnis, in einem Fall soll sie sechs Jahre alt geworden sein

Aquariengröße: ab 20 Liter

Wassertemperatur: 20 bis 28 °C

Härte: von weich bis hart

pH-Wert: 6,0 bis 8,5

Futter: Detritus, künstliches Futter, aber auch Blattwerk und Gemüse

Aquarienabdeckung: muss nicht unbedingt sein

Neritina juttingae wird selten importiert. Sie hat ein auffälliges Äußeres. Ihr Haus ist halbkugelförmig in unterschiedlichen Brauntönen gefärbt und besetzt mit mehr oder weniger ausgeprägten Dornen, die sich im Aquarium nicht ausbilden. Ihr Operculum ist rotbraun mit einem roten hornigen Saum. An der Mündung kann man einen gelben Ring erkennen.

In der Haltung hat sich gezeigt, dass sie sich gerne – meist nur bis zur Hälfte – in den weichen Bodengrund eingräbt, vor allem große ausgewachsene Tiere ziehen sich gerne tagsüber zurück. Ansonsten sieht man sie auf dem Weichsubstrat umherziehen und gelegentlich an den Scheiben klettern und auf Steinen und Holz weiden. Erstaunlich war, dass sie in einem Aquarium sehr gut klar kam, in dem der pH-Wert zwischen 5,5 und 6 lag. Im Allgemeinen empfehle ich aber einen höheren Wert. Sehr gut und agil zeigt sie sich in sauerstoffreichem bewegtem Wasser. Wie die meisten anderen Neritiden geht sie nicht an Wasserpflanzen. Ist der Schneckenbesatz sehr dicht, zieht sie sich zurück.

Die Vergesellschaftung entspricht der von *Neritina turrita* und *Neritina pulligera*. In ihren Eipaketen, die sie gerne auf Tieren gleicher Art ablegt, finden wir ca. 20 Eier.

Neritina pulligera (Linnaeus, 1767)
Stahlhelmschnecke, Schwarze Algenrennschnecke

Verbreitung: Nordaustralien, die Philippinen, einige pazifische Inseln, Malaiischer Archipel, Südafrika, Kenia, Madagaskar, Seychellen, Andamanen, Nikobaren, Neuguinea, Guam, Palau, auf den Salomonen, Taiwan und Okinawa

Größe: 40 mm

Lebenserwartung: mindestens 5 Jahre

Aquariengröße: ab 20 Liter

Wassertemperatur: 22 bis 28 °C

Härte: von weich bis hart oder Brackwasser

pH-Wert: 6,0 bis 8,5

Futter: wie *N. turrita*

Aquarienabdeckung: ja

N. pulligera wird als die ‚Algenschnecke' angepriesen, aber sind die Tiere an Zusatzfutter gewohnt, lässt auch der Verzehr von Algen nach.

Ihr Gehäuse ist oval, die Grundfarbe meist grünlich mit feinen Zick-Zack-Linien, aber auch braun und schwarz. Bei manchen Tieren finden wir auch einen schwarzen Belag, unter dem das Haus eine andere Farbe hat. 15 kleine Zähne sitzen mittig an der Columellarfläche. Diese fällt zur Mündung hin ab, ist rau und durch eine Kante zur Schale hin abgegrenzt. Die Farbe der Mündung und der Mündungsfläche ist orange und dunkelgrau bis schwarz.

Ihr Körper ist grauschwarz gemustert, die Sohle hell. Der Deckel ist grünlich mit spiralförmig verlaufenden, unterschiedlich dicken dunklen Streifen. Am Rand finden wir einen hellroten Saum. Das Innere des Deckels ist nach dem Ableben der Schnecke rötlich, zum Saum hin gelblich. Der Zapfen hat eine breite Basis, die Rippe zeigt schwache Längs- und Querrillen und endet stumpf.

Die Vermehrung findet bei den getrenntgeschlechtlichen Tieren wie bei allen Neritiden statt, wobei ihr einzelnes Eipaket ca. 20 Eier enthält.

Auch bei ihr sollten die Temperaturen nicht dauerhaft an der oberen Grenze liegen. Bei mir kommt sie sehr gut mit Zimmertemperatur zurecht. Sie liebt Holz und gräbt gelegentlich auch im Weichsubstrat.

Die Vergesellschaftung ist unproblematisch wie bei *N. turrita*, wenn auch größere Krebsarten und carnivor lebende Schnecken gemieden werden sollten.

Farbvariationen
der *Neritina turrita.*

Neritina turrita (J.F. Gmelin, 1791)
Synonym: *Neritina semiconica* 'Orange Track'

Zebrarennschnecke

Das Gehäuse ist oval, die Oberfläche glatt und die Grundfarbe ist hell- bis dunkel- oder orangebraun. Es hat ein Muster aus dunklen Streifen oder in Spirallinien verlaufendem Punkt- oder Flammenmuster. Neben der unter dem Namen Zebrarennschnecke bekannten Variation gibt es auch eine *Vittina* oder *Neritina semiconica* 'Orange-Track' genannte. Hier sehen wir, dass die Färbung des Hauses nicht unbedingt mit unterschiedlichen Arten zu tun hat.

Die Mündung und das Septum sind weiß bis orange, mittig angeordnet können wir sieben kleine Zähne erkennen. Sie besitzt einen Deckel, der weiß bis schmutzig orange ist mit einer roten Linie am Rand. Der Körper ist fleckig, schwarz-weiß gemustert, die Sohle des Fußes ist grau.

Verbreitung: im Indo-Pazifik bei Temperaturen zwischen 22 und 30 °C, im Mündungsbereich von Flüssen und im Brackwasser-Mangrovenbereich

Größe: 35 mm

Lebenserwartung: bis max. 5 Jahre

Aquariengröße: ab 20 Liter

Wassertemperatur: 22 bis 28 °C

Härte: von weich bis hart

pH-Wert: 6,0 bis 8,5

Futter: ausgewogene Mischfütterung: Algen und Aufwuchs, künstliches Futter auf pflanzlicher Basis, Eichen-, Buchen- und Walnusslaub, Tomaten und anderes Gemüse. Genauso gerne frisst sie Axolotl-Futter und Futter, das reich an tierischem Eiweiß ist

Aquarienabdeckung: ja

Ihre Augen sitzen leicht erhöht, daneben liegen die schlanken feinen Fühler.

N. turrita lässt sich gut vergesellschaften, selbst mit aufdringlichen Fischen kommt sie gut zurecht. In diesem Fall bedeckt sie sich komplett mit ihrem Haus. Wird sie allerdings zu stark belästigt, zum Beispiel von großen Barschen und Welsen, die an ihr zupfen und saugen, fühlt auch sie sich nicht mehr wohl. Handelt es

Oben: Das Gehäuse wächst im Aquarium meist in einer anderen Farbe weiter.

Unten: Nicht immer, aber häufig haben die Zebrarennschnecken eine korrodierte Spitze.

Das helle Operculum mit dem typischen rot-orangen Rand kann den Eingang fest verschließen.

So kennt sie jeder, dies ist das typische Muster einer *Neritina turrita*.

sich um Wildfänge, die direkt aus dem Heimatbiotop kommen und noch nicht an künstliches Futter gewöhnt sind, bietet es sich an, sie in ein reichlich veralgtes Aquarium zu setzen, damit sie erst einmal richtig fressen kann. Wider Erwarten ging die Vergesellschaftung mit *Cambarellus ninae* sehr gut, die kleinen Krebschen haben die Zebrarennschnecken in Ruhe gelassen.

Eine Vermehrung im Süßwasseraquarium ist nicht möglich, die Eier brechen zwar auf, aber eine erfolgreiche Nachzucht wurde bisher nicht verzeichnet.

Ob es sich um ein männliches oder weibliches Tier handelt, kann man optisch erst unterscheiden, wenn die Begattung beginnt. Dann erst ist beim männlichen Tier sehr deutlich das Geschlechtsteil zu erkennen.

Unter anderen äußeren Verhältnissen sieht das frisch angebaute Gehäuse wieder anders aus.

Neritina variegata (Lesson,1831) Batikschnecke

Das Haus ist halbkugelig und glatt, seine Farbe variiert zwischen Gelb, Oliv und Braun-Orange mit schwarzem Ornamentmuster. Die Columellarlippe ist weiß und fein gezähnt. Das Operculum ist dunkel, fast schwarz mit einem hellen Fleck am Nukleolus. Der Mundsaum ist weiß.

Verbreitung: auf Steinen in schnell und langsam fließenden Gewässern in Südostasien, auf den Salomonen, Fidschi, Samoa, Guam, Vanuatu, Ponape, Mauritius und Truk

Größe: 20 mm

Lebenserwartung: ca. 4 Jahre

Aquariengröße: ab 20 Liter

Wassertemperatur: 22 bis 28 °C

Härte: weich bis mittel

pH-Wert: 6,5 bis 8,0

Futter: Detritus, künstliches Futter, aber auch Blattwerk und Gemüse

Aquarienabdeckung: ja

Vergesellschaftung, Fortpflanzung, Vermehrung und Nahrung sind identisch mit den anderen Neritiden.

N. variegata ist überall im Aquarium zur Nahrungssuche unterwegs.

Das Operculum ist dunkel und weist oben rechts am Nukleolus eine helle Stelle auf.

Neritina violacea (Gmelin, 1791) Violette Rennschnecke

Verglichen mit anderen Neritiden hat das halbkugelige Haus, von oben betrachtet, eine ungewöhnliche Form. Es ist in der Natur bedeckt mit Schlick und Algen, gesäubert zeigt es eine glatte Oberfläche mit orangefarbenem bis hellbraunem Grund, auf dem sich dunkle Muster zeigen. Gelegentlich ist es auch von einem festen schwarzen Belag überzogen. Die Columellaris und der Saum sind orange bis rot. In der Mitte der Columellarfläche hat sie mehrere feine Zähnchen. Ihr Operculum ist fleisch- bis orangefarben mit einem hellen Kern und spiralförmigen, dunklen und unregelmäßigen Streifen. Sehen wir die Schnecke von unten mit eingeklapptem Deckel, zeigt sie uns ihre typische orangerote Farbe. Der Körper und die Fühler sind grau-weiß gesprenkelt.

Verbreitung: Indien, Südostasien, Fidschi, Neuguinea und den Salomonen

Größe: bis 20 mm

Lebenserwartung: keine gesicherten Erkenntnisse

Aquariengröße: ab 40 Liter

Wassertemperatur: 22 bis 30 °C

Härte: von weich bis hart

pH-Wert: 6,0 bis 8,5

Futter: Detritus, künstliches Futter, aber auch Blattwerk und Gemüse

Aquarienabdeckung: muss nicht unbedingt sein

Nach Tan & Clemens (2008) wurden die Schnecken am Berlayar Creek in Singapur im Mangrovenbereich gefunden.

Auch wenn man das in machen Publikationen lesen kann, ist es nur wenigen Schneckenhaltern bisher gelungen, diese Schnecke über einen längeren Zeitraum zu pflegen.

Farbvariationen der *N. violacea*.

Fotos: C. Lukhaup

Neritina virginea (Linnaeus, 1758) Cayo-Largo-Schnecke

Attraktive Farbvariationen von *Neritina virginea*.

Fotos: C. Lukhaup

N. virginea lebt bevorzugt in Süßwasserflüssen auf Steinen, welche sie unermüdlich abweidet, und soll eine einfach zu haltende Wasserschnecke sein. (Fritzsche, Caridina 1/13). Die in unterschiedlichen Habitaten gemessenen Wasserwerte ergaben einen schwankenden Salzgehalt von 0 bis 36 Prozent.

Ihr glattes und glänzendes Haus, das viele unterschiedliche Farben und Muster zeigen kann, variiert in der Grundfarbe meist zwischen Schwarz, Braun, Rostrot, Weiß, Gelb und Beige. Es gibt beispielsweise Muster wie Flammen, gepunktete Zeichnungen und vieles mehr. Auf der Columellarfläche finden wir acht bis zehn feine, schwach ausgeprägte Zähne.

Der Körper ist hellgrau mit schwarzer Zeichnung. Das Operculum variiert von Weiß, cremefarben bis Schwarz. Bei dunklen Deckeln ist der Nukleolus sehr hell.

Ein Weibchen verklebt bis zu 20 Eipakete, deren Eier nur ca. einen Millimeter groß werden.

Etablieren wird sie sich nicht, da sie selten importiert wird und eine Vermehrung in der Aquaristik ausgeschlossen ist.

Verbreitung: Florida, Brasilien, Kuba und Jamaica
Größe: 25 mm
Lebenserwartung: 8 bis 10 Jahre
Aquariengröße: ab 40 Liter
Wassertemperatur: 15 bis 35 °C
Härte: mittel bis hart
pH-Wert: 6,0 bis 8,5
Futter: jedes künstliche Futter
Aquarienabdeckung: ja

Interessante Farbvariationen der *Neritina waigiensis*.

Fotos: C. Lukhaup

Neritina waigiensis (Lesson, 1830) Rote Rennschnecke, Red Beauty

Verbreitung: Im Osten des Malaiischen Archipels und auf den Philippinen (in Misamis Occidental lebt sie unter Nipa-Bäumen, im sumpfigen Brackwasser nahe der Küste). In Flussbereichen, die von den Gezeiten beeinflusst sind, aber auch höher im Flussverlauf, ohne Meerwasser, meist im schlammigen Bereich, gerne auch außerhalb des Wassers im Uferbereich

Größe: 25 x 29 mm (H x B)

Lebenserwartung: ca. 4 Jahre (noch keine genauen Daten bekannt)

Aquariengröße: ab 20 Liter

Wassertemperatur: 20 bis 28 °C, Höchsttemperatur nicht ganzjährig

Härte: mittel bis hart oder Brackwasser

pH-Wert: 6,0 bis 8,5

Futter: Blattwerk, vor allem Walnuss und Buche, feines Staubfutter unterschiedlicher Zusammensetzung (z. B. NovoFect). Sie nimmt relativ schnell künstliches Futter an, sollte aber in der Eingewöhnungsphase immer Walnuss und getrockneten Kürbis vorfinden. Auch Algensteine sind hilfreich.

Aquarienabdeckung: ja

Seit Mitte 2015 werden diese Tiere importiert, sodass wir noch nicht viel über sie wissen. Wichtig ist es, ihnen genug Nahrung zuzuführen. Algensteine oder ein stark veralgtes Aquarium zum Eingewöhnen scheint mir wichtig zu sein. In der Natur lebt diese Schnecke mit anderen Neritiden zusammen, das lässt hoffen, dass sie kompatibel ist für unsere Aquarien. Auffällig ist, dass die Gehäusespitze bei fast allen Tieren korrodiert ist, dies schadet der Schnecke aber nicht.

Das Haus ist strohfarben, rot oder weiß mit dunklen spiralförmigen Bändern, Flecken oder flammenförmigen Mustern. Sie hat vier Umgänge und eine vertiefte Spitze zwischen den nachfolgenden Umgängen. Der Umbilicus ist geschlossen. Die Columellarfläche ist weiß und gleicht Porzellan. In Richtung der Öffnung befinden sich 10 bis 15 kleine Erhöhungen. Das Operculum ist außen weiß oder hell fleischfarben mit einer schmalen orangefarbenen Zone außen. Innen ist es hellbraun oder pink. Der Körper ist weiß oder grauschwarz gemustert, die Sohle hell.

Da sie in der Aquaristik erst relativ kurz bekannt ist und es keine empirischen Erfahrungen über einen langen Zeitraum gibt, empfehle ich, mit der Vergesellschaftung vorsichtig zu sein. Größere Krebsarten und carnivor lebende Schnecken sowie aufdringlicher Fischbesatz sollten gemieden werden und auch die Nahrungskonkurrenz sollte besser im Zaum gehalten werden. Zusammen mit Zwerggarnelen, wenigen anderen Neritiden, friedlichen Fischen (keine größeren Welse), einer guten Wasserhygiene und ausreichend Futter sollte es unproblematisch sein.

Die Vermehrung findet bei den getrenntgeschlechtlichen Tieren wie bei allen Neritiden statt. Auch sie verklebt den Laich auf Hartsubstrat, gerne auf dem kompletten Haus eines Artgenossen.

Das neu wachsende Gehäuse der Neritide verändert sich im Aquarium stark.
Foto: S. Brolowski/M. Kruck

Deutlich sieht man den hellen Mundsaum von *Neritodryas*.

Neritodryas cornea (Linnaeus, 1758)

Die Farbe des Hauses von *N. cornea* variiert stark, von Weiß, Beigebraun bis Dunkelbraun mit schwarzen, teils flammenartigen Mustern. Der Mundsaum ist weiß, das Operculum hat keinen Hornsaum und ist zum Nukleolus hin vertieft. Sohle und Kopf sind hellgrau, der Körper grau gemustert.

Verbreitung: Philippinen, Südwestpazifik

Größe: 30 mm

Lebenserwartung: unbekannt

Aquariengröße: ab 60 Liter

Wassertemperatur: 18 bis 28 °C

Härte: von weich bis hart, Brackwasser

pH-Wert: 7,0 bis 8,5

Futter: Detritus, künstliches Futter, aber auch Blattwerk

Aquarienabdeckung: ja

Neritodryas eignet sich leider nicht für die Haltung im Aquarium.

Neritodryas cf. *dubia* (Gmelin, 1791)

Rennschnecke, O-Ring-Schnecke, Batikschnecke

Neritodryas dubia und *N. cornea* sind aus dieser Ansicht kaum zu unterscheiden.

Die Färbung des Hauses variiert stark, von Weiß bis Dunkelbraun, und zeigt dunkle bis schwarze Linien und Muster oder Flecken, die spiralförmig angeordnet sind. Die Rippe ist fächerförmig ausgebildet. Das Operculum ist in Richtung des Nukleolus vertieft und ist dunkel. *Neritodryas* cf. *dubia* besitzt einen grauen Körper mit hellgrauer Sohle.

Da sie zu ausgedehnten Spaziergängen neigt, muss das Aquarium abgedeckt sein. Vorteilhaft wäre auch die Haltung im Paludarium, das aber ebenfalls verschließbar sein muss. Wie *N. dubia* wird sie in der Natur außerhalb des Wassers auf Büschen und Bäumen gefunden.

Für die Vergesellschaftung gilt dasselbe wie für alle Neritiden.

Verbreitung: Philippinen

Größe: 28 mm

Lebenserwartung: keine gesicherten Erkenntnisse

Aquariengröße: ab 60 Liter

Wassertemperatur: 18 bis 28 °C

Härte: von weich bis hart, Brackwasser

pH-Wert: 7,0 bis 8,5

Futter: Algen, Detritus, Futtertabletten und Gemüse

Aquarienabdeckung: ja

Auch bei *Neritodryas* kann die Spitze korrodiert sein.

Neritodryas und *Neritina* sind optisch nicht zu unterscheiden.

Foto: C. Lukhaup

Septaria porcellana Linnaeus, 1758

S. porcellana lebt in Südostasien, Nordaustralien und Japan. Das muschelförmige Haus ist 40 x 25 x 10 Millimeter (L x B x H) groß und glatt. Die Grundfarbe ist hellbeige bis hellgrau mit ornamentförmigen Mustern. Sie besitzt schlanke Fühler, einen fast weißen Fuß und Kopf, den man fast nie unter ihrem Haus sieht.

Es sind empfindliche Tiere, die nur sehr langsam an zugeführtes Futter gewöhnt werden können. Das Aquarium, in dem sie unbedingt allein gehalten werden sollte, muss gut eingefahren sein, Detritus und Algen enthalten und einen niedrigen Nitratwert aufweisen.

Ich habe sie bei folgenden Werten gehalten: pH 7, KH 3, GH 5, ca. 26 °C. Sie lieben starke Strömung und halten sich gerne auf hartem Substrat auf. In unseren Aquarien leben sie allerdings meist nur wenige Wochen und es liegen keine Daten vor, dass es gelungen wäre, sie zu vermehren.

Sie lieben Spirulinapulver und immer wieder frisch eingesetzte Steine mit Algen. Aufgetaute *Artemia* mit *Spirulina* vermischt, gemörsert und getrocknet ist eine gute Futtermischung. Wichtig ist es auch, den Wasserwechsel nicht zu groß ausfallen zu lassen und Nitratzehrer einzusetzen. Sollten sie einige Wochen überlebt haben, können sie mit anderen Neritiden und Zwerggarnelen vergesellschaftet werden.

Septaria tessellata (Lamarck, 1816)

S. tesselata lebt in Ostindien, Sri Lanka, Taiwan, Philippinen, Indonesien, Neuguinea, den Salomonen und Ostafrika.

Das ovale bis zu 27 Millimeter lange und flache Haus ist braun oder braungrün mit einem leichten Gelb. Die Musterung zeigt schwarze oder rote Linien, die gerade oder im Zickzack verlaufen können. Das Operculum ist weiß mit einem durchscheinenden Hornrand. Es gibt zwei Formen. Die breite finden wir auf Steinen in schnell fließendem Wasser, die schlanke in stillem Brackwasser auf Stängeln von harten Wasserpflanzen.

Wie *S. porcellana* ist sie schwierig in der Haltung und überlebt fast nie im Aquarium. Ich kenne nur einen Aquarianer, beim dem sie drei Jahre überlebt hat. Meist sterben die importierten Tiere schon beim Großhändler. Es ist dringend davon abzuraten, Muschelschnecken zu kaufen.

Septaria sp. sind nicht für die Aquarienhaltung geeignet.

Fotos: C. Lukhaup

Theodoxus fluviatilis (LINNAEUS, 1758) Gemeine Kahnschnecke

Das Haus von *T. fluviatilis* ist weiß bis gelb mit violetten, roten, braunen oder schwarzen Zeichnungen. Das Muster kann tropfenförmig sein mit hellen und dunklen Längsstreifen oder einer feinen Netzstruktur. Es gibt auch einfarbige, fast schwarze Tiere. Der Mündungsbereich ist hell, der Deckel orange- bis fleischfarben mit einem dunkelroten Rand. Das Operculum ist halbmondförmig und besitzt einen exzentrisch gelegenen Nukleolus. Auf der Innenseite des Operculums finden wir einen einfachen Zapfen. Ist die Schnecke ungestört, kann man ihren dunklen pigmentierten Körper sehen. Sie besitzt feine Fühler und eine helle Sohle.

Die Kahnschnecke sollte in einem Kaltwasseraquarium gehalten werden, mit ständig hohen Temperaturen kommt sie schlecht zurecht. Bei hohen Sommertemperaturen muss das Wasser genügend Sauerstoff haben. Sie bevorzugt Stein- und Holzaufbauten.

Theodoxus-Jungtier auf adulter *T. fluviatilis*.
Foto: C. Lukhaup

In der Natur legt das befruchtete Weibchen ab April ihre 0,8 bis 1,2 Millimeter großen, eiförmigen Kapseln mit bis zu 70 Eiern an hartes Substrat. Nach vier bis acht Wochen (20 bis 25 °C) schlüpft aus jedem Paket ein Jungtier. Die Geschlechtsreife wird im Aquarium bei 25 °C mit ca. vier Monaten erreicht. Das männliche Tier hat an der Basis des rechten Fühlers ein Begattungsorgan. Das Weibchen hat ebenfalls an der rechten Körperseite, unter dem Mantelrand, eine Öffnung zur Befruchtung und eine weitere zum Entlassen der Eikapseln.

Eine Vergesellschaftung ist möglich, da sie mit ihrem harten Haus keine Angriffsfläche bietet. Auf Krebse und carnivore Schnecken sowie Krabben sollte verzichtet werden.

Die Gemeine Kahnschnecke steht in Deutschland auf der Roten Liste und ist stark gefährdet, weshalb sie 2004 zum Weichtier des Jahres gewählt wurde. Sie wird aber erfolgreich in der Aquaristik nachgezüchtet.

Verbreitung: In Europa im gemäßigten Klima. In Deutschland eher im Norden in Schleswig-Holstein, Mecklenburg-Vorpommern, Brandenburg. Gelegentlich in Mosel, Rhein, Main und Neckar sowie der fränkischen Saale. Im Mündungsbereich der Flüsse zur Ostsee im Brackwasser

Größe: 10 x 6 x 45 mm (L x B x H)

Lebenserwartung: 2 Jahre

Aquariengröße: ab 20 Liter

Wassertemperatur: 4 bis 25 °C

Härte: von weich bis hart, Brackwasser

pH-Wert: 7,0 bis 8,5

Futter: hartes Substrat, Kieselalgen, weniger Grünalgen. Braucht zum Abweiden Steine mit rauer Oberfläche oder Holz

Aquarienabdeckung: nicht notwendig

Tylomelania sp. untersucht Blasenschnecken, frisst diese aber nicht.

Dicklippenschnecken Pachychilidae

Brotia herculea ist die kompatibelste Schnecke ihrer Gattung für unsere Aquarien.

Zu den Pachychilidae gehören die Gattungen *Adamietta, Brotia, Potadoma* und *Tylomelania*. Sie kommen aus den Tropen, Süd- und Mittelamerika, Afrika, Madagaskar und Südostasien. Am bekanntesten bei uns sind die Gattungen *Tylomelania* und *Brotia*.

Die *Tylomelania*-Arten findet man in den Seen Sulawesis, je nach Art auf hartem und weichem Grund. Die höchste Populationsdichte in den Seen wurde in der Tiefe zwischen ein und zwei Metern gefunden, ab 20 Metern nimmt sie stark ab. Interessant ist aber, dass selbst hier noch Temperaturen von 27 °C vorherrschen. Der Matano- und der Pososee sind Weichwasserseen, deren maximal gemessener pH-Wert bei 8 bis 8,5 liegt.

Die einzelnen Arten der Gattung *Tylomelania* zeigen sich in Form und Skulptierung sehr unterschiedlich. Es gibt sie lang und konisch, axial oder spiralförmig oder klein, oval und glatt. Als Vorderkiemer sind sie getrenntgeschlechtlich angelegt, es gibt Männchen und Weibchen. Das Männchen befruchtet das Weibchen

Links: Ausgewachsene Wildfang-*Tylomelania* haben häufig korrodierte weiße Hausspitzen.

Rechts: *Tylomelania drachenfelsi* sind sehr beliebt unter Aquarianern, inzwischen gibt es auch Nachzuchten zu erwerben.

durch die Übergabe eines Spermatophors. Im Brutbeutel des Weibchens wachsen die Jungtiere bis zum Schlupf heran. Sie liegen in dem fächerförmigen Beutel in einer Nährsubstanz, demzufolge sind die Tiere vivipar. Allerdings sieht man bei der Geburt weiße eiförmige Gebilde, die sich auflösen, und daraus erscheint das Jungtier. Die Embryonen sind zwischen 2,8 und 17,5 Millimeter groß. Bisher noch nicht ganz geklärt ist die Funktion der Rinne, die an der rechten Seite des Körpers bis hin zum Fuß verläuft. Es ist möglicherweise eine Fortpflanzungsrinne, die am Kopf hinter den Tentakeln in einer Mantelfalte mündet.

M. Kilic schilderte eine *Tylomelania*-Geburt, die er beobachtet hat: Die Mutterschnecke dreht sich zur Seite, sodass die Mündung seitlich zu liegen kommt. Nach kurzer Zeit erscheint ein weißes weiches Ei unterhalb der Mündung, an der Stelle, in die die Fortpflanzungsrinne (oder Geburtsrinne) endet. Das Ei wird über die

Brotia herculea.

Foto: C. Lukhaup

Links: Habitat einer unbestimmten *Brotia*-Art.
Foto: M. Klilic

Rechts: Farbvariante von *Brotia hainanensis*.

Rinne, vermutlich durch Kontraktionswellen, abwärts bis zum Fuß der Schnecke geleitet. Dieser Vorgang dauert etwa fünf Minuten. Dort angekommen, beginnt sich die weiße Masse aufzulösen, ein fertig entwickeltes Jungtier kommt zum Vorschein und kriecht sofort los, um Nahrung zu suchen.

Zur Gattung *Brotia* gehören etwa 30 Arten. Ihr Verbreitungsgebiet erstreckt sich von Südostasien, dem Fuße des Himalayas über Nordostindien nach Bangladesch, Myanmar und Thailand. Einige sind nur in kleinen Abschnitten endemisch (*Brotia pagodula*), andere finden wir weit verbreitet in unterschiedlichen Habitaten (*Brotia herculea*). Auch hier finden wir wieder Männchen und Weibchen. Das Männchen übergibt ein Spermienpaket in die Geschlechtsöffnung des Weibchens. Die befruchteten Weibchen beherbergen in ihrer Bruttasche diese Eier. Nach der Entwicklung schlüpfen fertige Jungschnecken unter dem Haus hervor.

Im Unterschied zu den bei uns bekannten Turmdeckelschnecken, die ganzjährig ihre Jungtiere entlassen, bringen die *Brotia*-Arten einmal im Jahr bei Monsun mehrere (bei *Brotia herculea* bis zu 180) Jungtiere zur Welt. Die Anzahl ist kongruent zur Größe des Weibchens.

Um im Aquarium die Vermehrung zu fördern, wäre es denkbar, die Wasserumstände zu verändern: ein Anheben der Temperatur im Frühling, häufige Wasserwechsel mit Regenwasser und reichlich Futter. Auf Messen wurde beobachtet, dass Weibchen durch das Einsetzen in ungewohnte Wasserverhältnisse gelegentlich zu Spontangeburten neigen. Ihre Haltung sollte bei einer Wassertemperatur von 22 bis 28 °C erfolgen, sie lieben es sauerstoffreich, wobei *B. herculea* mit fast allem zurechtkommt.

Interessant ist das Fressverhalten: Sie sind nicht nur Weidegänger, sondern filtrieren vermutlich das Wasser. Gesammelte Partikel, die auf einem Schleimfaden festgehalten werden, wurden mit dem Maul aufgesammelt und verspeist. Füttert man Spirulinapulver oder anderes gemörsertes Futter und streut dies in die Strömung, kann man beobachten, wie die Schnecken (in diesem Falle waren es *B. pagodula*) nach oben kriechen, ihr Haus leicht zur Seite klappen und dieses futterangereicherte Wasser auffangen. Später sieht man den schleimigen Brei an einer Rinne am Fuß entlanglaufen. Manche gehen davon aus, dass *Brotia* filtrieren. Für diese Annahme habe ich allerdings keine Beweise.

Tylomelania sp., auch Mini Yellow genannt, eignen sich zur Haltung in kleinen Aquarien.

Brotia armata (Brandt 1968) Igelschnecke

Verbreitung: in schnell fließenden Gewässern, über Wasserfällen und Stromschnellen mit Felsbarrieren in Westthailand und einigen Gegenden Burmas

Größe: 38 x 24 mm (H x B)

Lebenserwartung: keine gesicherten Daten

Aquariengröße: ab 30 Liter

Wassertemperatur: 18 bis 28 °C

Härte: von weich bis hart

pH-Wert: 7,0 bis 8,0

Futter: Algen, *Spirulina* in Pulverform, Futtertabletten und Gemüse

Aquarienabdeckung: nein

Ausgewachsenes Tier auf Futtersuche auf Hartsubstrat.

Ihr dunkelbraunes, dickwandiges Haus ist konisch und besitzt drei konvexe Umgänge. Die Spitze des Hauses ist meist korrodiert. Auf manchen Häusern finden wir stachelartige Fortsätze. Das ovale Operculum hat einen dezentral sitzenden Nukleolus mit vier Ringen, die sich um den Kern winden und nach außen hin größer werden. Der Körper ist grau mit beige gescheckt, an der Basis der dicken Fühler sitzen die Augen.

Wie im natürlichen Habitat sollte sie in einem sauerstoffreichen, stark strömenden Aquarium mit Steinen und Sandpartien gepflegt werden. Die Vermehrung ist bei allen Arten der Gattung gleich (s. Seite 64).

Über ihre Lebenserwartung liegen keine gesicherten Daten vor, bei den meisten Haltern wurde sie nicht älter als ein Jahr. Selten hört man von Jungtieren, die aufgezogen werden konnten, dies scheint mir aber nicht ausreichend zu sein, um sie als Aquarienschnecke zu empfehlen. Diese Schnecke ist nicht geeignet für ein Gesellschaftsaquarium, sie sollte entweder im Artenbecken gehalten werden oder aber mit wenigen anderen Gastropoden, die nicht carnivor sind.

Brotia armata zeigt ihren Körper nur, wenn sie ungestört im Aquarium ist.

Foto: C. Lukhaup

Brotia hainanensis gibt es im Einzelhandel selten, obwohl sie im Aquarium gut zurecht kommt.

Haus- und Körperfarbe können variieren.

Brotia hainanensis (Brot, 1872)

B. hainanensis wurde von Forschungsreisen mitgebracht und ist selten im Handel zu finden, wird aber immer wieder einmal im Internet angeboten. Dies lässt darauf schließen, dass die Vermehrung um einiges einfacher ist als bei *B. pagodula*. Auch sie entlässt einmal im Jahr ihre Jungtiere, was durch Steigerung der Wasserwechsel, vermehrte Nahrungszugabe und Erhöhung der Temperatur begünstigt werden kann. Eine Dauerhaltung bei über 27 °C sollte man vermeiden, da die Waldbäche und Flüsse, aus denen sie stammt, jahreszeitlichen Schwankungen unterliegen und die Temperaturen durchaus bis auf 16 °C fallen. Sie wird in steinigen Bergbächen gefunden, wo sie im Schlamm lebt, also weichem Substrat, unterhalb von Steinen.

Das olivfarben-braune Haus ist eiförmig und besitzt feine Wachstumslinien und spiralförmig angeordnete Rippen. Die Spitze ist meist korrodiert, sie zeigt dann nur noch drei von fünf runden Umgängen mit einer schmalen, aber sichtbaren Naht. Der letzte Umgang ist groß, die Mündung ist zur Basis gerundet und nach oben akzentuiert. Die Columella ist dick und hell. Das Operculum ist multispiral und leicht oval mit einem Nukleolus, der von sechs Ringen umgeben ist. Der dunkelgraue bis schwarze Körper mit kurzen hellgrauen Fühlern ist unterbrochen von hellen Flecken.

Im Aquarium ist sie meist am Boden unterwegs, vergräbt sich aber nicht.

Verbreitung: Südchina (Hainan), Nordvietnam

Größe: 42 x 18 mm (H x B)

Lebenserwartung: etwa 3,5 Jahre

Aquariengröße: ab 30 Liter

Wassertemperatur: 16 bis 30 °C

Härte: von weich bis mittel

pH-Wert: 6,5 bis 7,5

Futter: *Spirulina* und Futtertabletten verschiedener Zusammensetzung. Gemüse, besonders gern Gurken

Einrichtung: Aquarium ohne Abdeckung

Aufgrund ihres Fundortes kann man davon ausgehen, dass sie ein sauerstoffreiches Aquarium benötigt, das Wasser sollte eine gute Hygiene aufweisen.

Im Alter von zweieinhalb Jahren werden die Schnecken geschlechtsreif. Im Brutbeutel eines Muttertieres können zwischen 60 und 250 Jungtiere gefunden werden, die nur sehr langsam wachsen. Vermutlich entlassen sie diese einmal im Jahr.

Grundsätzlich wäre ein Artbecken sinnvoll, wobei ich selbst junge *B. hainanensis* pflege und diese erfolgreich bei Zimmertemperatur mit Neritiden und Zwerggarnelen halte.

Brotia herculea (Gould 1847) Riesenturmdeckelschnecke

Brotia-herculea-Wildfang mit korrodierter Hausspitze.

B. herculea ist eine große robuste Wasserschnecke mit durchsetzungsfähigem Verhalten. Auffallend schön sind auch ihre großen blauen Augen. Ihr Haus ist haselnuss- bis dunkelbraun, dickwandig mit bis zu 12 Umgängen (der letzte stark bauchig) und braunen, spiralförmig angeordneten Bänderungen und einer sichtbaren Naht. Auf ihrem Haus finden wir mehr oder weniger stark ausgeprägte Axialrippen. Ihre Jungtiere sind glatt, mit Axialbändern am Haus. Das Operculum ist schmal mit vier bis sechs Ringen um den zentral sitzenden Nukleolus. Ihr Körper kann dunkelgrau bis schwarz sein, der Fuß ist meist etwas heller. Auf ihrem Körper befinden sich helle Sprenkel. Die Augen sitzen an der Basis der geraden Fühler, die eingezogen werden können.

Es ist eine *Brotia*-Art, die es uns nicht ganz so schwer macht. Sie kommt mit verschiedenen Wasserverhältnissen zurecht und mag sandigen Bodengrund, durch den sie sich gelegentlich durchgräbt. Sie ist ein eifriger Fresser, kommt

Verbreitung: Myanmar und Nordwest-Thailand in den Flusssystemen von Irrawaddy, Chindwin und Salween

Größe: 98 x 34 mm (H x B)

Lebenserwartung: vermutlich mindestens 5 Jahre

Aquariengröße: ab 112 Liter

Wassertemperatur: 20 bis 28 °C

Härte: von weich bis hart

pH-Wert: 6,0 bis 8,5

Futter: jedes Fertigfutter, ob mit einem hohen tierischen Eiweißanteil oder vegetarisch sowie Blattwerk und Gemüse

Aquarienabdeckung: nein

aber mit Nahrungskonkurrenz gut zurecht und setzt sich durch. Das Aquarium sollte eine Kantenlänge von mindestens 80 Zentimetern haben. Sie ist kein Resteverwerter, sondern benötigt zusätzliches Futter. Sinnvoll ist die Haltung von zwei Tieren.

Schwierig ist es mit der Bepflanzung. Durch ihre Bewegung und den großen Körper reißt sie Stängelpflanzen gerne aus. Gute Erfahrung habe ich mit Seekanne (*Nymphoides* sp.), Farn sowie Anubien, die höher angebracht werden sollten, da man sonst die Pflänzchen jeden Tag neu in den Grund stecken muss.

Mit anderen Gastropoden (ohne *Clea helena* und großen Krebsen), Krabben, Zwerggarnelen, Panzerwelsen, Lebendgebärenden (in großen Aquarien auch mit kleinen Barschen und Salmlern) kann sie gut gehalten werden. Da sie ihre Fühler zurückziehen kann, ist sie auch nicht so empfindlich gegenüber neugierigen Fischen. Von wesentlich größeren Mitbewohnern sollte allerdings abgesehen werden, da dauernde Übergriffe mit Schließen des Deckels beantwortet werden, was unweigerlich zum Hungertod führt.

In meinem 80er-Becken mit sandigem Grund und geringer Bepflanzung hielt ich zwei *Brotia herculea* zusammen mit zehn Pandawelsen und einer Horde Guppys. Kurz nach dem Einwerfen der Futtertablette war diese umgeben von Fischen und Welsen. Die *Brotia* versuchte mit eingezogenen Fühlern an die Tablette zu kommen, was sich als schwierig erwies. Kurzerhand grub sie sich in den Sand und gelangte von unten an die Tablette. Sie umklammerte sie mit ihrem großen Fuß, so dass außer ihr niemand mehr daran kam.

Fischbesatz ist für die Riesenturmdeckelschnecke kein Problem.

Foto: C. Engelbogen

Gelegentlich findet man Farbvarianten, diese sind aber selten.

Brotia pagodula (Gould 1847) Pagodenschnecke

Verbreitung: im tropischen Wechselklima Thailands, im Moei River und dessen Nebenflüssen (Prov. Kamphaeng) mit kühleren Bergregionen und einer bewaldeten Berglandschaft

Größe: 35 x 18 mm (H x B)

Lebenserwartung: gering

Aquariengröße: ab 60 Liter

Wassertemperatur: 20 bis 25 °C

Härte: von weich bis hart

pH-Wert: 6,5 bis 8,5

Futter: Aufwuchs und Algen, aber auch Staubfutter aus *Spirulina* oder zermörserten Futtertabletten, oft auch Gemüse. Lehmecken mit Heilerde und zersetzen Blätter von Eiche und Buche nimmt sie auch an. Eine Fütterung mit Plankton wäre sinnvoll

Aquarienabdeckung: nein

Brotia pagodula ist eine seltene Schnecke und nur für Spezialisten geeignet. Eigentlich sollten wir darauf verzichten, sie zu importieren, da ihre Lebenserwartung im Aquarium nicht hoch ist, sie wird meist nur wenige Wochen alt.

Das dunkelbraune Haus ist konisch geformt, festwandig mit hohlen Dornen, die in Spiralen angeordnet sind. Es hat fünf Umgänge und eine schmale Naht. Die Spitze ist meist korrodiert. Der Mündungsbereich ist eiförmig und an der Basis spitz. Seine Innenseite ist grau bis cremefarben und zeigt häufig feine braune Bänder. Das Operculum hat einen zentral liegenden Nukleolus mit sechs bis acht zunehmenden Ringen. Es ist wesentlich kleiner als die Mündung. Der Körper ist beige oder hellbraun mit grauem Muster. Die Augen sitzen an der Basis der Fühler.

B. pagodula benötigt sauerstoffreiches und bewegtes Wasser, Steinaufbauten und Sand. Algen, Mulm, Zoo- und Phytoplankton sollten vorhanden sein. Ein Artenbecken wäre von Vorteil, da sie eine heikel zu haltende Schnecke ist, die auch mit Nahrungskonkurrenz nicht zurechtkommt. Da sie auch Futter filtriert, ist gemörsertes Futter in der Strömung notwendig.

Bei den meisten Aquarianern wird sie nicht älter als drei Monate, da sie verhungert. Mir ist es einmal gelungen, sie in einem Artenbecken, gut gefüttert, drei Jahre zu behalten. Eine andere, die ich mit anderen Gastropoden in einem strömungsarmen, reich bepflanzten Aquarium hielt, wurde leider nur ein halbes Jahr alt.

Eine Vergesellschaftung mit Zwerggarnelen oder anderen *Brotia*-Arten (außer *B. herculea*) ist möglich, wenn die Wasserhygiene hervorragend und die Fütterung üppig ist.

Bisher gab es wenig Berichte über eine gelungene Aufzucht. Erst vor Kurzem erreichte mich ein Bericht von S. Richter, der es gelungen ist, Nachzuchten zu bekommen und sie bisher großzuziehen. Dies ist aber ein geglückter Einzelfall.

Identisch in der Haltung ist *Brotia henriettae* (Gray, 1834).

Das bis zu 64 mm hohe und 25 mm breite Haus hat sechs bis acht flache Umgänge, eine tiefe Naht mit spiralförmig angeordneten Schnüren und Höckern. Es ist grün-beige bis dunkelbraun. Das Operculum hat einen zentral liegenden Nukleolus mit acht Ringen. Ihr Körper ist fast schwarz mit hellen Flecken. An der Basis der geraden Fühler sitzen die Augen. Auch hier ist das Operculum kleiner als die Mündung.

Tylomelania sp. Yellow-*Tylomelania*-mini

Es gibt drei Arten der kleinen gelben *Tylomelania*, die sehr unterschiedlich in der Erscheinung sind. Wider Erwarten zeigten sie sich anpassungsfähig an die Temperatur und vermehren sich auch im Aquarium bei Zimmertemperatur. Auch Pflanzen (Moose, Farne, Anubien und auch weichblättrige Arten) hat sie bisher nicht beschädigt.

Wichtig bei der Einrichtung ist es, Ecken zu vermeiden, in denen sie sich verklemmen könnte, denn sie kann nicht rückwärts kriechen. Klettermöglichkeiten nutzt sie gerne, seien es die Aquarienscheiben, Holz, hartblättrige Pflanzen oder Steinaufbauten. Sie liebt sauerstoffreiches Wasser.

Unproblematisch ist die Vergesellschaftung mit Zwerggarnelen, die zu den angegebenen Temperaturen passen sowie anderen Schnecken und unaufdringlichen Fischen. Krebse und Krabben passen natürlich nicht, da diese gerne Schnecken fressen.

Es werden immer wieder verschiedene, meist unbeschriebene *Tylomelania*-Arten importiert. Mit den unterschiedlichsten Hausstrukturen und Körperfarben.

Verbreitung: Sulawesi

Größe: 25 bis 30 mm

Lebenserwartung: vermutlich 2 bis 3 Jahre

Aquariengröße: ab 20 Liter

Wassertemperatur: 24 bis 29 °C

Härte: weich bis hart

pH-Wert: 6,5 bis 8,0

Futter: jede Art von künstlichem Futter, Futtertabletten mit oder ohne tierisches Eiweiß, Spirulinapulver, Blattwerk und Gemüse. An Aas habe ich sie noch nie gesehen

Aquarienabdeckung: nein

Mini-*Tylomelania* sind nie im Bodengrund unterwegs.

Eine unbestimmte Art aus dem Pososee beim Abweiden des Astwerks.

Wenn wir uns an die üblichen Parameter, was Wasserwerte und Temperatur angeht halten, sollten sie nicht problematisch in der Haltung sein. Es ist auch davon auszugehen, dass die kleinen *Tylomelania* die meisten Pflanzen in Ruhe lassen.

Tylomelania orange (zukünftig: *Tylomelania drachenfelsi*) Rocksnail

Diese noch unbeschriebene Schnecke (eine Erstbeschreibung ist in Arbeit) ist eine typische Vertreterin des Hartsubstrats. Gerne mag sie Steinaufbauten und klettert im Aquarium umher. Wir finden sie sowohl im Uferbereich des Pososees wie auch in einer Tiefe bis zu sieben Metern auf Steinen.

T. orange hat ein festwandiges Haus, das vor allem bei den Jungtieren bei Lichteinfall bordeauxfarben schimmert. Es besitzt bis zu acht Umgänge und weist eine deutliche Axial- und Spiralskulptierung auf, wobei der Apex bei älteren Tieren meist korrodiert ist. Der jüngste Umgang zeigt spiralförmig angeordnete Linien, die in der Mündung enden. Das Operculum ist rund mit zentral liegendem Nukleolus und deutlich kleiner als die Mündung. Ihre Körperfarbe ist orangefarben, die Augen sitzen an der Basis der geraden Fühler.

Das Aquarium sollte eine Kantenlänge von 60 Zentimetern haben, gerne auch größer. Ich selbst habe sie allerdings auch schon 2,5 Jahre zur Beobachtung in einem Cube von 30 Litern gehalten, auch

Tylomelania *orange* ist im Aquarium sowohl auf Hartsubstrat als auch auf dem Bodengrund unterwegs.

dort haben sich die Tiere vortrefflich entwickelt.

Sie klettert sehr gerne, deswegen sollten im Aquarium mit sandigem Bodengrund Steinaufbauten aus glatten großen Brocken, aber auch kleineren Kieseln nicht fehlen. Der Aufbau sollte mittig angeordnet sein, da sie gerne an den Aquarienscheiben hoch kriecht, um sich plötzlich fallen zu lassen. Fällt sie auf Sand, ist das unproblematisch, auf Stein schadet es der Gehäusespitze sehr. Außerdem liebt sie frisches Pflanzenmaterial, entweder stellt man es ihr in Form von Gemüse zur Verfügung, oder aber als eingesetzte Wasserpflanzen.

Möchte man kein kahles Becken haben, hat sich bei mir folgende Art der Bepflanzung bewährt: Anubien auf Holz werden kaum angefressen, am Hamburger Mattenfilter habe ich verschiedene Farne in schwindelnder Höhe angebracht, auch diese werden meist in Ruhe gelassen. Pflanzen auf dem Bodengrund begrüßen die Schnecken mit einem fröhlichen Schmatzen. Relativ wenig vergreifen sie sich an Javamoos oder *Nymphoides* sp.

Verbreitung: Pososee

Größe: 55 x 20 mm (H x B)

Lebenserwartung: meine Erfahrung: 3,5 bis 4 Jahre, bei 27 °C und weichem Wasser (KH 0, GH 2, pH 6,5 bis 7,0)

Aquariengröße: ab 60 Liter

Wassertemperatur: 25 bis 30 °C

Härte: von weich bis mittel

pH-Wert: 6,5 bis 8,0

Futter: Futtertabletten jeder Art, Flocken, Sticks und Crabs sowie Gemüse und auch Aquarienpflanzen. In ihrem Magen wurden Sand und Diatomeen gefunden, sodass wir davon ausgehen, dass sie die Körner zum mechanischen Zerkleinern der Nahrung benutzt – Sandbodengrund oder eine Sandecke wären also wichtig

Aquarienabdeckung: nein

Im Aquarium erreicht sie ihre Geschlechtsreife mit 2,5 Jahren. Die Mutterschnecke entlässt ca. alle vier Wochen ein 0,9 bis 1,2 Millimeter großes Jungtier, je nach Größe der Mutter. Allerdings neigen sie zu Spontangeburten, sobald sie in ein neues Milieu kommen, deswegen kann es nach dem Einsetzen sein, dass man mehrere kleine Jungtiere entdeckt.

Einer Vergesellschaftung mit nicht carnivoren Schnecken sowie Zwerggarnelen, Panzerwelsen und ruhigen Beifischen steht nichts im Wege. Auf Krebse, Krabben und andere Feinde sollte man verzichten.

Die orangefarbene Rocksnail ist ein wahrer Augenschmaus, der sich nicht zu üppig vermehrt und sich großer Beliebtheit erfreut. Zusammen mit *Caridina dennerli* sind sie eine Augenweide.

Unwohlsein erkennt man an gekringelten Fühlern.

Tylomelania patriarchalis (Sarasin & Sarasin, 1897)

Perlhuhnschnecke

T. patriarchalis gehört zu den größten *Tylomelania* aus den Maliliseen. Ihr Gehäuse ist festwandig und variiert zwischen hell- und dunkelbraun. Es besitzt bis zu 13 Umgänge, die Spitze ist bei den älteren Tieren meist korrodiert. Die Naht ist stark vertieft. Das Gehäuse weist eine deutliche Axialskulptierung auf. Der jüngste Umgang zeigt spiralförmig angeordnete Linien, die in der ovalen, leicht spitz ausgezogenen Mündung enden. Sie besitzt einen runden Deckel mit acht bis neun Windungen und einem zentral gelegenen Nukleolus (multispiral), der deutlich kleiner ist als die Gehäuseöffnung. *T. patriarchalis* hat einen schwarzen Körper mit weißen Punkten oder Flecken. Die Augen sitzen an der Basis der geraden, weiß gestreiften Fühler. Sie wirkt insgesamt stark und gedrungen.

Verbreitung: im Flachwasserbereich des Matanosees in Sulawesi, wird aber auch in Tiefen bis zu 40 m im Weichsubstrat gefunden

Größe: 117 x 39 mm (H x B)

Lebenserwartung: 3,5 Jahre

Aquariengröße: ab 112 Liter

Wassertemperatur: 25 bis 30 °C

Härte: von weich bis mittel

pH-Wert: 6,5 bis 8,0

Futter: Staubfutter, gewöhnt sich auch an Futtertabletten, nimmt sowohl vegetarisches und auch Trockenfutter mit tierischem Eiweiß. An Aas, Mückenlarven oder Rinderherz habe ich sie noch nicht beobachten können

Aquarienabdeckung: nein

Foto: C. Lukhaup

Wildfänge haben meist ein stark korrodiertes Haus.

Tylomelania patriarchalis zeigt sich im Aquarium als anpassungsfähig und kompatibel.

Sie ist eine Weichsubstratschnecke und sollte deshalb Schlamm oder Sand im Aquarium vorfinden. Sie benötigt Holz, Blätter, dunkle Ecken und Ruhe vor aufdringlichen Fischen. Gerne nutzt sie angebotene Schattenbereiche und ist weniger im hellen Sandbereich zu finden. *T. patriarchalis* möchte mehrfach täglich gefüttert werden.

Ein Hamburger Mattenfilter erweist sich als passend. Pflanzen stören nicht, solange die Schnecke noch genug Bewegungsfreiraum hat. Eine bewegte Wasseroberfläche wäre für die Sauerstoffsättigung sinnvoll.

In den Weibchen (90 mm) wurden die größten Embryonen von 17,5 mm gefunden. Das ca. sieben Zentimeter lange Weibchen, das ich pflege, entlässt alle acht Wochen ein Jungtier.

Mit Zwerggarnelen hat sie keine Probleme und auch mit anderen *Tylomelania*-Arten ist sie gut zu vergesellschaften, allerdings besteht die Gefahr der Hybridisierung. Auch mit Sumpfdeckelschnecken aus ihrer Heimat oder Muscheln gibt es keinerlei Probleme. Auf aufdringlichen Fischbesatz, große Krebse und Krabben sowie carnivore Schnecken würde ich verzichten.

Im Matanosee findet man sie zusammen mit *T. gemmifera*, die aber äußerst selten, wenn überhaupt, importiert wird. Das mag daran liegen, dass *T. patriarchalis* eine wesentlich höhere Population im Matanosee stellt.

Tylomelania perfecta (MOUSSON, 1849) Donnerkeil-*Tylomelania*

Verbreitung: Pososee und die einmündenden Flüsse im Süden und Südosten Sulawesis

Größe: ca. 55 mm hoch

Lebenserwartung: vermutlich 2,5 Jahre

Aquariengröße: ab 40 Liter

Wassertemperatur: 22 bis 30 °C

Härte: von weich bis mittel

pH-Wert: 6,5 bis 8,0

Futter: künstliches Futter jeder Art sowie Laub und Gemüse. Sie scheint keine Wasserpflanzen anzufressen

Aquarienabdeckung: nein

Nachzuchten haben keine Kalkablagerungen.

Bei den frisch importierten *T. perfecta* fällt vor allem die dicke Kalkschicht auf dem Haus auf, was vermutlich daran liegt, dass sie aus einem Fluss mit Kalktrassen stammen. Sobald die Jungtiere heranwachsen, erkennen wir ein hell- bis mittelbraunes Haus mit leicht gewölbten drei bis elf Umgängen. Es kann Spiralrippen aufweisen, mit Axialrippen versehen sein oder auch glatt, das variiert je nach Region. Die Mündung ist oval mit einer leicht siphonalen Andeutung an der Basis. Der Körper ist dunkelgrau bis schwarz, manchmal mit feinen hellen Punkten. Das Operculum ist oval, multispiral, mit fünf bis sechs Ringen, von denen der äußere etwas größer ist. Insgesamt ist diese Spezies recht variabel, sowohl in der Hausstruktur als auch beim Operculum.

T. perfecta kann man in weichem oder hartem Wasser gut halten, das auf jeden Fall bewegt und sauerstoffreich sein sollte. Gerne mag sie Laub von Walnuss, Eiche oder Buche. Sie benötigt nichts zum Klettern, stört sich aber nicht an Hölzern oder Steinen.

In weiblichen Tieren wurden zwischen zwei und 23 Embryonen gefunden, die eine Größe von bis zu acht Millimetern hatten. Unsere Tiere zeigen sich vermehrungsfreudig und kompatibel. Sie kommt mit anderen Schnecken (außer canivoren) gut zurecht und auch Zwerggarnelen oder friedliche Fische, die sie nicht allzu sehr belästigen, akzeptiert sie. Auf Krebse und Krabben sollte verzichtet werden. Ich halte sie in mittelhartem Wasser und habe sie mit Blauaugen, Zwerggarneln und anderen Gastropoden vergesellschaftet.

In ihrer Heimat kommt *Tylomelania perfecta* in hoher Populationsdichte vor, sie dient auch als Nahrungsmittel und das wohl schon seit 30.000 Jahren, denn in einer Höhle in der Nähe von Maros wurden leere prähistorische Häuser gefunden.

Tylomelania sp. 'Yellow spotted', Synonym: *Tylomelania* 'polka dot'

Diese noch unbeschriebene Schnecke lebt in der Natur auf Hartsubstrat. Sie bewegt sich im Aquarium sowohl auf Sand als auch auf Hartsubstrat, wobei die Jungtiere schwindelnde Höhen erklimmen, die Alttiere jedoch auf dem Sandgrund verweilen.

Sie besitzt ein dunkel gefärbtes, festwandiges, fast schwarzes Haus. Die Spitze der älteren Tiere ist meist korrodiert. Ihr Körper ist schwarz mit gelb bis orangefarbenen großen Flecken, die Fühler sind hauptsächlich gelb mit dunklen Sprenkeln. Das Haus kann bis zu neun Umgänge haben und weist eine deutliche Spiralskulptierung auf. Der jüngste Umgang zeigt spiralförmig angeordnete Linien, die in der Mündung enden. Das Operculum ist rund mit zentral liegendem Nukleolus und deutlich kleiner als die Mündung.

Das Aquarium sollte eine Kantenlänge von 60 Zentimetern haben, gerne auch größer. Ich selbst habe sie allerdings einige Jahre zur Beobachtung in einem Cube von 30 Litern gehalten, auch dort haben sich die Tiere sehr gut entwickelt. In ihrem Magen wurden Sand und Diatomeen gefunden, sodass wir davon ausgehen, dass sie die Körner zum mechanischen Zerkleinern der Nahrung benutzt – ein Bodengrund aus Sand oder eine Sandecke wären also wichtig. Bewährt haben sich Anubien auf Holz aufgebunden sowie diverse Farne und Moose.

Im Aquarium erreicht sie ihre Geschlechtsreife mit ca. 2,5 Jahren. Die Mutterschnecke entlässt etwa alle vier Wochen ein ca. 0,9 bis 1,1 mm großes Jungtier, abhängig von der Größe der Mutter.

Einer Vergesellschaftung mit nicht carnivoren Schnecken sowie Zwerggarnelen, Panzerwelsen und ruhigen Fischen steht nichts im Wege. Auf Krebse, Krabben und andere Feinde sollte man verzichten.

Auf der Beliebtheitsskala der *Tylomelania*-Arten steht sie gleich hinter *Tylomelania drachenfelsi* auf Platz zwei.

Sind sie weitgehend ungestört, zeigen die *Tylomelania* ihren Körper mit den wunderschönen Musterungen.

Verbreitung: Pososee/Sulawesi

Größe: 45 x 17 mm (H x B)

Lebenserwartung: bis 4 Jahre (bei 27 °C und weichem Wasser, KH 0, GH 2, pH 6,5 bis 7,5)

Aquariengröße: ab 60 Liter

Wassertemperatur: 25 bis 30 °C

Härte: von weich bis mittel

pH-Wert: 6,5 bis 8,0

Futter: Futtertabletten jeder Art, Flocken, Sticks und Crabs sowie Gemüse und auch weichblättrige Aquarienpflanzen

Aquarienabdeckung: nein

Ausgewachsene Wildfänge, wie hier bei *T. towutica*, haben immer eine korrodierte Gehäusespitze.

Foto: C.Lukhaup.

Tylomelania towutica (Kruimel, 1913)

Das braune, festwandige Haus besitzt vier bis neun Umgänge, bei älteren Tieren ist die Spitze meist korrodiert. Die ausgeprägten Axialrippen sind gerade, manchmal leicht geneigt, selten kurvenförmig. Dazu kommen kurvenförmige und schwach ausgeprägte Spiralrippen. Die Mündung, an deren Basis sich eine siphoartige Ausziehung befindet, ist oval, der Mündungsbereich dunkelgrau, manchmal braun.

Das Operculum ist multispiral mit acht bis neun Ringen. Der Körper hat weiße Punkte oder Flecken. Man kann sie gut von anderen Arten unterscheiden, da sie eine auffällig geradlinige Axialstruktur besitzen.

Im Aquarium mit mindestens 40 cm Kantenlänge sollte es Klettermöglichkeiten in Form von Holz- oder Steinaufbauten geben, stärkere Strömung und natürlich einen satten Sauerstoffgehalt.

Schön zu beobachten ist *T. towutica* beim Umherklettern. Hat man feinere verzweigte Äste im Aquarium, turnt sie darauf herum. Nicht nur die Jungtiere sind ausgesprochen aktiv.

In Mutterschnecken wurden ein bis sieben Jungtiere mit einer Größe von bis zu 9,3 Millimetern gefunden.

Mit Gattungsgenossen, Zwerggarnelen und unaufdringlichen Fischen lässt sie sich gut vergesellschaften.

Verbreitung: Süd-Sulawesi, Towutisee und Tominanga River

Größe: bis zu 64,9 x 20,4 mm (H x B)

Lebenserwartung: vermutlich 3,5 Jahre

Aquariengröße: ab 40 Liter

Wassertemperatur: 25 bis 30 °C

Härte: weich bis mittel

pH-Wert: 6,5 bis 8,0

Futter: jedes künstliche Futter, ebenso Laub von Buchen, Eichen oder Walnuss sowie Gemüse und *Spirulina*

Aquarienabdeckung: nein

Foto: C.Lukhaup

Habitat von *Melanoides tuberculatus*.
Foto: M. Kilic.

Kronenschnecken
Thiaridae

Eine typische Vertreterin der Gattung *Melanoides* ist *M. tuberculatus.*

Mindestens zwölf Gattungen gehören zu den Kronenschnecken. Die aquaristisch relevanten Gattungen sind *Melanoides*, *Thiara*, *Tarebia* und *Mieniplotia*. Ihr typisches Merkmal ist das getürmte Haus und ein Operculum, das zur Basis hin runder wird und nach oben ausgezogen ist, mit exzentrischem Nukleolus. Die Häuser können unterschiedlich aufgebaut sein, mit oder ohne Tuberkel, Stacheln oder nur einer glatten oder geriffelten Oberfläche.

Obwohl sie getrenntgeschlechtlich sind, benötigen nicht alle Gattungen dieser Familie zur Vermehrung eine Befruchtung. *Melanoides* sp. beispielsweise vermehren sich durch Jungfernzeugung (Parthenogenese), das weibliche Tier benötigt also keine Spermien, um sich zu vermehren. Aus einem unbefruchteten Ei entwickelt sich ein Jungtier, das lebend geboren wird.

Die Gattung *Tarebia* gehört zu den invasiven Gattungen, die in entsprechendem Klima die vormals ansässigen Gastropoden fast weltweit verdrängen. Zur Gattung zählen etwa 60 Arten. Es lassen sich vier Arten geografisch und morpho-

Mieniplotia scabra.
Foto: C. Lukhaup

logisch unterscheiden: *Tarebia granifera, T. lineata, T. laterita* und *T. mauiensis*. Alle vier Arten sind parthenogenetisch und lebendgebärend. *T. granifera* wurde nach Südafrika und in die Karibik verschleppt und ist bei uns seit Jahren bekannt, auch *T. lineata* ist jetzt im Handel.

Aus der Gattung *Plotia* ist für die Aquaristik lediglich *Plotia scabra* interessant.

Zur Gattung *Stenomelania* gehören alle Tiere, die ein schlankes, turmförmiges, relativ glattes Haus besitzen und sich in den Unterläufen der Flüsse und den Ästuarbereichen aufhalten. Vermutlich vermehren sie sich durch Veligerlarven, die verdriftet werden. Von den sieben Arten wird meist nur *Stenomelania torulosa* importiert.

Aus der Gattung *Cerithium* werden immer mal wieder Schnecken aus unterschiedlichen Gebieten importiert. In den tropischen und subtropischen marinen Gebieten des Indo-Pazifiks finden wir die artenreichste Ansammlung der Cerithiden. Hier versammeln sich über 70 Prozent der 60 bekannten Arten. Sie sind Reste- und Algenfresser und kommen stets in großen Populationen vor. Durch ihre Gehäuseform und ihre schöne Musterung am Rüssel fällt sie sofort auf. Doch wirklich haltbar ist sie in unseren Aquarien nicht.

Links: *Thiara cancellata* sieht man selten oberhalb des Bodengrundes.

Rechts: *Mieniplotia scabra* vermehrt sich prächtig im Aquarium.

Gelegentlich sieht man sie auch außerhalb des Bodengrundes nach Nahrung suchen.

Melanoides tuberculatus (O. F. Müller 1774)

Nadel-Kronenschnecke, Malaiische Turmdeckelschnecke

M. tuberculatus hat außerhalb ihrer ursprünglichen Fundorte in Asien und Afrika eine weite Verbreitung durch Einschleppung gefunden. Zum Beispiel im indopazifischen Raum bei der Ausdehnung des Reisanbaus und nach Europa ist sie u.a. auch durch die Aquaristik eingewandert und findet sich z.B. in Thermalquellen.

Verbreitung: in den Subtropen und Tropen Afrikas und Asiens
Größe: 20 bis 27 x 7 bis 10 mm (H x B)
Lebenserwartung: ca. 5 Jahre
Aquariengröße: ab 10 Liter
Wassertemperatur: 18 bis 30 °C
Härte: weich bis hart, Brackwasser
pH-Wert: 5,0 bis 8
Futter: alles, was verwertbar ist, künstliches Futter, diverse Gemüsesorten, Algen
Aquarienabdeckung: nein

Das schlanke, turmartige Gehäuse von *M. tuberculatus,* meist einfach Turmdeckelschnecke genannt, hat 10 bis 15 mäßig gewölbte Umgänge, die Mündung und das hornige Operculum sind oben spitz ausgezogen. Bei älteren Tieren fehlt oft die Gehäusespitze. Das Gehäuse selbst ist durch leicht geschwungene Querrippen sowie feine, spiralförmig verlaufende Rippen skulptiert. Das schwarzbraune Operculum ist paucispiral, mit stark exzentrischem Nukleolus nahe der Basis. Das helle, hornfarbene bis braune Gehäuse ist mit dunklen Streifen oder Flecken versehen, die bei sehr dunkler Grundfarbe nicht erkennbar sind. Der Körper kann grau, hellbeige oder braun sein mit gelblichen Punkten, der Fuß ist sehr kurz und wirkt vorne wie abgeschnitten. Der Kopf ist deutlich abgesetzt und beim aktiven Tier rüsselartig vorgestreckt. An der Ba-

Deutlich zu erkennen sind die Mantelfortsätze, die unter dem Haus hervorschauen.

sis der dünnen Fühler sitzen die Augen. Es gibt eine große Zahl von Stämmen, in einem weiten Verbreitungsgebiet, die sich in ihrer äußeren Form stark unterscheiden. Eine genaue Unterscheidung nach Art und Unterart ist problematisch. Auch die Größe der Tiere variiert je nach Fundort. Wir können davon ausgehen, dass die meisten in der Aquaristik gehaltenen Tiere asiatischen Ursprungs sind.

Die Turmdeckelschnecke benötigt, wie in der Natur, einen sandigen und schlammigen Grund, in dem sie umherwühlen kann, sie klettert aber auch auf Einrichtungsgegenständen herum. Sie soll hauptsächlich nachts unterwegs sein, was ich aber nicht bestätigen kann. Sie kommt tagsüber gerne aus dem Bodengrund und sucht nach Futterresten und allem Verwertbaren. In einem ruhigen Becken sieht man vor allem die Jungtiere kopfüber nur durch die Oberflächenspannung getragen auch auf der Wasseroberfläche umherschwimmen. Dort fressen sie von der Kahmhaut oder was sie gerade finden.

Die Tiere werden auch in brackigem Wasser gefunden, wobei auffallend ist, dass die Schnecken bei einem Salzgehalt von vier Prozent besonders groß werden. Sie leben aber auch in sehr weichem Wasser und vermehren sich dort erfolgreich. Die Nadel-Kronenschnecke ist getrenntgeschlechtlich angelegt, sie vermehrt sich jedoch fast ausschließlich parthenogenetisch, d.h. die Weibchen vermehren sich ohne Befruchtung. Die so entstandenen Jungtiere sind wiederum ausschließlich Weibchen. Bisher wurden nur in wenigen Vorkommen (z.B. in isolierten Populationen in Israel) größere Anteile männlicher Tiere gefunden (bis 30 Prozent). In Afrika kommen männliche Tiere nur vereinzelt vor. Auch in diesen bisexuellen Beständen konnte nachgewiesen werden, dass die Weibchen zur Parthenogenese fähig sind. In der Mehrzahl der bekannten Populationen ist höchstens in Ausnahmefällen geschlechtliche Vermehrung belegt.

Die Kronenschnecke ist vivipar. Die im Muttertier aus 0,06 Millimeter kleinen Eiern schlüpfenden Embryonen gelangen in einen Brutbeutel im Nacken der Mutter. Hier werden sie von besonderen Nährzellen gespeist, bis die Jungtiere fertig entwickelt entlassen werden. Die Nährzellen werden aus dem Brutbeutelepithel abgesondert und enthalten u.a. Vitamin C, Glykogen, Fett und Proteine. Geboren werden die Jungtiere durch einen muskulösen Brutporus, der ein bis zwei Millimeter hinter dem rechten Auge liegt. Bei der Geburt weisen sie bereits vier bis sechs Gehäusewindungen und eine Gehäusehöhe von 1,5 bis 2 (max. 4,3) Millimeter auf. Je größer das Weibchen, desto größer sind auch die Jungtiere.

Die Weibchen der Nominatform werden mit zehn bis elf Millimetern Gehäusehöhe fortpflanzungsfähig. Nach Untersuchungen von Dudgeon 1986 (in: Rocha-Miranda & Martins-Silva 2006) an Tieren in Hongkong, beträgt die Höhe der Gehäusemündung dann 2,8 Millimeter. Je nach Größe der Weibchen entwickeln sich bis zu 70 Jungtiere in unterschiedlichen Stadien gleichzeitig und unabhängig von der Jahreszeit im Brutbeutel. Die ältesten Jungtiere befinden sich dabei näher am Brutporus und werden dann einzeln, mit dem Apex oder Fuß voran, geboren. Naturbeobachtungen haben dabei gezeigt, dass die Entwicklung der Embryonen bei kälteren Temperaturen nicht nur verlangsamt abläuft, sondern auch, dass die Muttertiere bei ungünstigen Bedingungen den Schlupf aufschieben können. So werden z.B. Jungtiere von Populationen im See Genezareth/Israel erst ab Mitte Mai geboren.

Da sie den Bodengrund bevorzugen, ist die Vergesellschaftung mit allen Fisch-, Wels-, Schnecken- und Garnelenarten unproblematisch. Viele Aquarianer nutzen die Turmdeckelschnecken auch als Nahrung für ihre schneckenfressenden Mitbewohner, wie Kugelfische, Krabben und andere. Ist genügend Bodengrund vorhanden, wird eine kleine Population erhalten bleiben.

Wie alle Süßwasserschnecken wird auch die Gattung *Melanoides* im Freiland von Zwischenstadien (Zerkarien) verschiedener Arten von Saugwürmern befallen (s. Kapitel Krankheiten).

Eigene Beobachtungen im Aquarium: Im Aquarium werden die Jungtiere bevorzugt nach einem Wasserwechsel geboren. Bei einem zehntägigen Rhythmus synchronisiert sich der Fortpflanzungsrhythmus fast aller Tiere entsprechend. Besonders bei vorausgegangenem üppigem Nahrungsangebot werden große Mengen an Jungtieren, beinahe alle innerhalb einer Stunde, geboren. Im darauffolgenden Zeitraum von drei Monaten ohne Wasserwechsel wurde dieser Zehn-Tage-Rhythmus von den meisten Tieren beibehalten. Bei täglichem Wasserwechsel gab es diesen Rhythmus nicht, jedoch bildeten sich hier Gruppen von Weibchen, die gemeinsam Jungtiere zur Welt brachten. Je nach Größe des Muttertieres wurden unterschiedlich viele Jungtiere geboren (Gehäusehöhe von zwei Zentimetern: ein Jungtier; 2,5 Zentimeter: ein bis zwei Jungtiere; drei Zentimeter: zwei bis fünf Jungtiere). Bei hoher Populationsdichte oder Nahrungsknappheit suchen die Weibchen zum Entlassen der Jungtiere strömungsreiche Bereiche nahe der Wasseroberfläche auf. Hier konnte ich beobachten, dass die werdende Mutter auf dem Weg zur starken Strömung von einer meist kleineren Schnecke begleitet wird, die sich zur Geburt neben dem adulten Tier platziert. Bei geringer Populationsdichte bleiben die Muttertiere auch zur Geburt im Bodensubstrat oder sind nur kurz auf dem Boden zu beobachten. Zur Geburt klappt das Muttertier das Gehäuse zur Seite, und nach etwa fünf Minuten wird das erste Jungtier entlassen, während die weiteren dann im Minutentakt folgen. Anschließend kehren Mutterschnecke und das kleinere Tier wieder in den Bodengrund zurück. Ob die kleine Begleitschnecke lediglich die bei der Geburt freigesetzten Nährzellen und Detritus frisst oder noch andere Funktionen erfüllt, ist unklar.

Mieniplotia scabra als Wildfang. Hier zeigt sie rotbraune Ablagerungen auf ihrem Haus.

Mieniplotia scabra (Müller, 1774), Synonym: *Thiara scabra*

Stachelturmdeckelschnecke

Verbreitung: Ostafrika, Süd- und Südostasien, Japan, Malaysia, Indonesien, Sulawesi, Nordaustralien, Solomon-Inseln, Fidschi-Inseln, Neue Hebriden. Eingeschleppt in Florida und Israel

Größe: 25 x 35 mm (H x B)

Lebenserwartung: mind. 2 Jahre

Aquariengröße: ab 10 Liter

Wassertemperatur: 18 bis 30 °C

Härte: weich bis hart, Brackwasser

pH-Wert: 6,0 bis 8,5

Futter: Algen, verrottete Pflanzenteile, Aas und Diatomeen, jede Art von Futtertabletten oder Flockenfutter sowie Gemüse und unterschiedliches Blattwerk

Aquarienabdeckung: nein

Sie wurde unter dem Namen *Thiara scabra* bekannt, gehört aber zur Gattung *Mieniplotia* (nach Low und Tan, 2014). Ihr hell- bis mittelbraunes Haus ist recht variabel, meist sind dunkelbraune bis rötliche Flecken darauf verteilt. Es ist gedrungen und turmförmig, mit mehr oder weniger ausgeprägten Stacheln, die Richtung Spitze zeigen. Bei Nachzuchttieren fehlen sie meist ganz. Der letzte von insgesamt neun Umgängen ist deutlich größer als die folgenden, wobei die älteren meist korrodiert sind. Auf den Umgängen finden wir Tuberkel, auch diese können verschieden stark ausgebildet sein. Ihr Operculum ist dunkelbraun mit exzentrischem Nukleolus. Die helle Mündung ist oval mit einer Spitze.

Ihr Körper ist dunkel, fast schwarz, mit hellgelben Pünktchen, die sich auch auf den schlanken Fühlern fortsetzen.

M. scabra ist nicht anspruchsvoll und kommt mit den unterschiedlichsten Wasserwerten zurecht. Sie lebt sowohl im als auch außerhalb des sandigen Bodengrunds. Man sieht sie oft auf den Einrichtungsgegenständen und an den Aquarienscheiben. Wasserpflanzen lässt sie in der Regel in Ruhe, Stängelpflanzen entwurzelt sie gelegentlich durch Graben im Boden. Sand als Bodengrund, ausreichend Futter und sauberes Wasser, gleichgültig welcher Härte, sind wichtig für diese Schnecke. In Brackwasser vermehrt sie sich nicht ganz so stark, aber auch dort findet man frisch entlassene Jungtiere.

Auch sie vermehrt sich parthenogenetisch und ist vivipar. Nach dem Schlüpfen wandern die Jungtiere in den Brutbeutel und werden nach abgeschlossener Entwicklung von der Mutter entlassen. Nach meinen Beobachtungen entlässt ein großes Muttertier von 2,3 Zentimetern Größe allerdings nicht nur ein oder zwei Jungtiere, sondern zwischen 10 und 30 Stück. Je kleiner das Weibchen, desto geringer die Anzahl der Jungen. Meist wurden die Jungtiere nach einem Wasserwechsel und Erlöschen des Lichtes entlassen. Bei schlechten Wasserwerten gab es keine Jungen.

Oben: Bei Nachzuchten bilden sich auf dem Haus selten Erhebungen aus.

Unten: *Mieniplotia* kommt im Fischaqarium zurecht, zieht sich aber bei Störungen unters Haus zurück.

Zwerggarnelen, Fische und Welse sind eine gute Gesellschaft für *M. scabra*. Bei mir im Aquarium hat sie sich als robust und fortpflanzungsfreudig erwiesen. Mit schwierigeren Schnecken wie *Brotia pagodula* oder *B. armata* sollte sie nicht zusammen gehalten werden, da sie sich dort nicht durchsetzt. Auf Schneckenfresser sollte man verzichten, wobei sie sich gut als Lebendfutterquelle eignet.

Habitat von *Mieniplotia*.
Foto M. Kilic

Tarebia granifera sehen sehr unterschiedlich aus. Hier eine Nachzucht mit gleichmäßigem Hausaufbau.

Tarebia granifera (Lamarck, 1822)

Genoppte Turmdeckelschnecke, Nöppi

In der Natur finden wir sie in schnell fließenden Süßwasserflüssen, kleinen Teichen, flachen Bächen, Wasserfällen, heißen Quellen und im Brackwasserbereich bis zu einer Tiefe von eineinhalb Metern.

Das Gehäuse von *T. granifera* variiert sehr stark. Ihr Haus ist oval, breiter als das von *M. tuberculatus*, die Umgänge sind flach, mit opisthoklinen (Struktur verläuft auf einer Linie mit der Spindel) Axialrippen, die durch spiralförmig verlaufende Streifen unterbrochen werden. Sie sind knotig oder tuberkelartig. Auf dem jüngsten Umgang überwiegt zum Grund hin die Spiralskulptur mit meist acht Streifen. Die Struktur des Hauses ist jedoch sehr variabel. Je nach Fundort besitzt es elf bis 15 Umgänge mit einer Höhe von bis zu vier Zentimetern. Das Operculum ist paucispiral mit exzentrischem Nukleolus. Der Mantelrand verfügt über 12 bis 14 Papillen.

Der Körper ist dunkelgrau mit hellen Sprenkeln, an der Basis der dünnen Fühler sitzen die Augen.

T. granifera kommt mit sehr unterschiedlichen Wasserwerten zurecht, auch mit leicht brackigem Wasser, in dem allerdings ihre Vermehrung schleppender verläuft. Gerne hat sie sandig-schlammigen Bodengrund und benötigt keine Einrichtung zum Klettern. Auch unsere Wasserpflanzen lässt sie in Ruhe.

Sie sind getrenntgeschlechtlich, allerdings lassen sich selbst in der Natur nur selten Männchen finden, die dann steril

Farbvariante eines *Tarebia-granifera*-Wildfangs.

Foto: C. Lukhaup

Verbreitung: in Südostasien von Indien, Burma, Thailand, Südchina, Malaiischer Archipel, Sundainseln bis Neuguinea, Bismarck-Archipel, Admiralitätsinseln, Salomonen, Neue Hebriden, Philippinen und Formosa. Eingeschleppt nach Nordamerika, Mittel- und Südamerika, Japan, Guam und Hawaii

Größe: ca. 25 bis 30 mm

Lebenserwartung: vermutlich 1,5 Jahre.

Aquariengröße: ab 10 Liter

Wassertemperatur: 18 bis 30 °C

Härte: weich bis hart, Brackwasser

pH-Wert: 5,0 bis 8,5

Futter: abgestorbene Pflanzenteile, Algen, Aas, Diatomeen und jede Art von künstlichem Futter

Aquarienabdeckung: nein

sind. Daher vermehren sich die Weibchen auch parthenogenetisch.

Bei einem Weibchen aus der Dominikanischen Republik, mit einer Größe von 20 Millimetern, fand man im Brutbeutel bis zu 30 Embryonen, davon waren vier sehr weit entwickelt.

In Guam trug ein 27,7 Millimeter großes Weibchen 74 Jungtiere. Im Aquarium ist sie mit drei Monaten und einer Größe von etwa sechs Millimetern geschlechtsreif.

Sie kommt mit fast jedem anderen Besatz zurecht (Welse, Fische, Schnecken), natürlich wird ihre Population durch Schneckenfresser dezimiert.

Tarebia granifera hat auch eine medizinische Bedeutung, sie ist Zwischenwirt für den Lungenwurm *Paragonimus westermani*. Ob dies für die nachgezogenen Tiere aus der Aquaristik relevant ist, wage ich zu bezweifeln.

Tarebia lineata (Wood, 1828), Synonym: *Thiara lineata* (Gray, 1828)

Spiky-Turmdeckelschnecke

Selten sieht man so viel vom Körper, dazu muss sie im Artenbecken leben.

Das grün bis beigefarbene Haus zeigt dunkelbraune bis grüne, spiralförmig angeordnete Linien, die parallel zur Spindel verlaufen. Auf dem jüngsten Umgang zählen wir bis zu acht dunkle Reifen. Sie hat leichte Höcker am Umgang, die sich zum Apex hin neigen. Die Mündung ist weißlich. Das Operculum ist dunkelbraun, der Nukleolus liegt links, außerhalb des Mittelpunktes, mit feinen Streifen, die von der Basis nach oben verlaufen.

Sie scheint Verschmutzungen gegenüber recht tolerant zu sein und lebt auch im schlammigen Teichgrund. In Nabadwip Konnagar kommt sie auch bei einem Salzgehalt von 0,3 bis 1 mg/l vor. Man sollte sie im Aquarium langsam einsetzen, da man nicht weiß, aus welchem Wasser sie stammt. Die angebotenen Tiere sind in der Regel Wildfänge.

Mit knapp 200 Tagen werden sie in der Natur geschlechtsreif, allerdings weiß ich von keiner erfolgreichen Vermehrung in der Aquaristik. Warum sie sich nicht vermehrt, ist zur Zeit noch ungeklärt.

Man sollte davon ausgehen, dass sie mit allerhand zu vergesellschaften ist. Sie wird seit 2013 vermehrt importiert. Aber trotz ihrer weiten Verbreitung und obwohl sie zu den invasiven Arten gehört, scheint sie sich im Aquarium nicht wirklich wohl zu fühlen. Weder in reinen Wirbellosenbecken noch in Gesellschaftsaquarien etabliert sie sich, noch gibt es Zuchterfolge. Sie hält sich selten länger als ein Jahr.

Verbreitung: Ganges-Brahmaputra-Becken und in Flachlandflüssen und -bächen in Indien, Bangladesch, Bhutan, Sri Lanka, Myanmar, Nepal

Größe: 26 x 16 mm (H x B)

Lebenserwartung: ca. 2 Jahre

Aquariengröße: ab 10 Liter

Wassertemperatur: 18 bis 30 °C

Härte: weich bis hart, Brackwasser

pH-Wert: 6,0 bis 8,0

Futter: Futtertabletten und -flocken, aber auch Algen und verschiedene Reste

Aquarienabdeckung: nein

Bei Sauerstoffmangel sieht man die Mantelfortsätze deutlich unterm Haus hervorschauen.

Thiara cancellata hat immer eine korrodierte Gehäusespitze.

Thiara cancellata (Röding 1798)

Haarige Turmdeckelschnecke

Verbreitung: Philippinen, auf Inseln des Pazifiks und des Indischen Ozeans

Größe: 30 mm

Lebenserwartung: mind. 3 Jahre

Aquariengröße: ab 20 Liter

Wassertemperatur: 20 bis 28 °C

Härte: weich bis hart

pH-Wert: 6,0 bis 8,5

Futter: pflanzlicher oder tierischer Detritus, Futterreste jeder Art, zerfallenes Blattwerk und Algen, Gemüse eher selten. An intakte Wasserpflanzen geht sie nicht

Aquarienabdeckung: nein

T. cancellata bewohnt schlammigen und sandigen Bodengrund sowie den Brackwasserbereich.

Das hellbraun-grünliche Haus hat schwarze stachelige und haarähnliche Borsten. Über das Haus verteilen sich feine dunkle Spirallinien. Das helle Operculum ist tropfenförmig mit fächerartigen feinen Linien, der Nukleolus liegt exzentrisch. Die Mündung ist hell, fast weiß. Die Schnecken besitzen eine lange flache Schnauze mit orangefarbenen Pünktchen. Neben den schlanken Fühlern liegen die Augen.

Sie benötigen Sand und mögen auch gerne Lehmecken, in denen sie herumgraben. Die Einrichtung kann sparsam sein, ohne Aufbauten zum Klettern. Das Wasser sollte nicht allzu weich sein. *Thia-*

ra cancellata zeigt sich eher selten außerhalb des Bodengrundes, kommt bei Fütterung jedoch zügig an die Oberfläche. Mit ihren orangefarbenen Punkten und ihrem langgezogenen Rüssel sieht sie sehr hübsch aus. Hält man sie in einem Nanobecken mit weniger Bodengrund, kann man sie sehr oft beobachten. Sie kommt durchaus mit weichem Wasser zurecht und sollte gezielt gefüttert werden.

Eine Vermehrung im Aquarium scheint ausgeschlossen. *T. cancellata* entlässt ihre Jungtiere im Larvenstadium, es ist davon auszugehen, dass sie ins Brackwasser und von dort aus ins Meer verdriften. Die Tiere sind getrenntgeschlechtlich.

Eine Vergesellschaftung mit anderen Wirbellosen (außer Krebsen und carnivoren Schnecken) ist sehr gut möglich, auch nicht aufdringliche Fische wie Panzerwelse sind im Zusammenleben unproblematisch. Sie hält sich sowieso sehr gerne im Sandbodengrund auf und kommt meist nur zum Fressen hervor.

Oben: Habitat von *T. cancellata* in Japan. Foto: M. Kilic

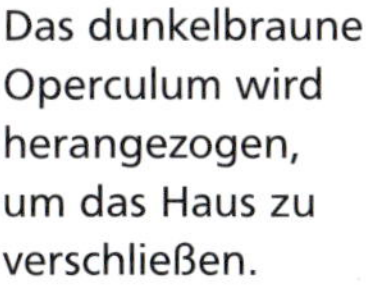

Das dunkelbraune Operculum wird herangezogen, um das Haus zu verschließen.

Stenomelania cf. *torulosa* (Bruguière, 1789) Langnasenschnecke

Fast immer ist sie im Bodengrund unterwegs, nur wenn sie dort nichts findet, kommt sie zum Fressen nach oben.

Verbreitung: im tropischen und subtropischen Klima von Indien, Burma, Andamanen und Nikobaren, malaiischen Inseln, Philippinen, Solomonen

Größe: 50 mm lang

Lebenserwartung: mehr als 4 Jahre

Aquariengröße: ab 50 Liter

Wassertemperatur: 24 bis 29 °C

Härte: weich bis hart, Brackwasser

pH-Wert: 6,0 bis 8,0

Futter: jede Art von Futterresten im Bodengrund

Aquarienabdeckung: nein

S. torulosa ist eine schöne Schnecke, die man leider selten sieht, weil sie bevorzugt im Bodengrund tätig ist. Sie lebt im fließenden Wasser, in den Unterläufen von indowestpazifischen Flüssen und auf Ästuaren. Sie ist dort im verschlammten Uferbereich auf detritusreichen Weichböden zu finden. Bei Hochwasser graben sie sich ein, bei Niedrigwasser sind sie in Ufernähe. Auf Ceylon lebt sie, durch die Flut bedingt, unter Brackwassereinfluss.

Das spitze und schlanke Haus besitzt feine, spiralförmig verlaufende Linien, die meist flache Grate aufweisen. Nur der Umgang von juvenilen Tieren zeigt Axialskulptierungen. Bei manchen Tieren werden die Spirallinien von transversalen Linien gekreuzt, die ein bis vier knotige Reihen bilden und in vertikal knotigen Graten enden, die direkt unter der Naht am stärksten sind. In der Peripherie befinden sich die spiralförmigen Grate. Die Spitze ist häufig korrodiert und, sofern die Schale nicht von einer dunklen Schicht überzogen ist, variiert sie von olivbraun bis braun. Bei jüngeren Tieren sind die oberen Umgänge immer heller und mit braunen Punkten oder Linien gezeichnet. Das Operculum ist paucispiral mit einem exzentrischen Nukleolus am Columellarrand. Die Wachstumslinien des Operculums weisen nach außen.

Der grau-marmorierte Körper endet in einem auffallend langen Rüssel, mit dem sie den Bodengrund durchwühlt. Der Fuß ist hell und quadratisch. Die langen und farblich gesprenkelten Fühler tragen die blauen Augen.

Wegen ihrer Größe und Aktivität sollte man sie in einem Aquarium mit einer Mindestkantenlänge von 60 Zentimetern halten. Als Bodengrund ist Sand und Lehm vorzuziehen. Die Bepflanzung sollte nicht zu dicht sein, damit sie ausgiebig graben können. Um schattige Bereiche zu finden, klettert sie gerne auch einmal über Hindernisse. Bei mir versteckten sie sich hinter dem Hamburger Mattenfilter, wo auch die Kopulationen stattfanden. Diese dauerten ca. 30 Minuten. Danach krabbelten sie wieder zurück über den Mattenfilter ins Aquarium.

Stenomelania sind ovovivipar und entlassen freischwimmende Veligerlarven aus ihrem Brutbeutel. Vermutlich leben diese Larven von Plankton. Eine Nachzucht im Aquarium scheint nicht möglich zu sein. Bei den Männchen ist der spiralförmige Samenleiter dick und endet in einem Kanal, der spitz zuläuft und seine Öffnung in einer schmalen Grube findet, die zum Hals des Tieres führt. Von dort aus wird das Spermatophor an das Weibchen übertragen. Hier entwickeln sich Hunderte von Larven ohne Haus, die gerne bei Vollmond entlassen werden (pers. Beobachtung v. Starmühlner).

Da sich *S. torulosa* gerne im Bodengrund bewegt, kann sie mit vielen Mitbewohnern vergesellschaftet werden. Auf Krabben und andere Schneckenfresser sollte man natürlich verzichten. Ich habe sie mit Killifischen zusammen gehalten, mit denen sie sich gut vertragen hat.

Posthornschnecken klettern bei der Futtersuche gern im Aquarium umher.

Foto: C. Engelbogen

Eine helle Farbvariation von *Helisoma anceps*.

Posthorn- und Tellerschnecken Planorbidae

Zu dieser weltweit verbreiteten Familie gehören 40 Gattungen und etwa 300 Arten. Wir finden die typischen Vertreter mit dem tellerförmigen Haus sowie die Gattungen mit dem napfförmigen Haus. Einheimische Arten sind aus den Gattungen *Planorbis, Anisus, Bathyomphalus, Gyraulus, Hippeutis, Segmentina, Planorbarius, Ancylus*. Eingeschleppt sind *Ferrissia wautieri, Gyraulus parvus* und *G. chinensis*, die immer wieder in der Aquaristik auftauchen.

Tellerschnecken sind linksgewunden, die rechte Seite wird als Unterseite, die linke als Oberseite bezeichnet.

Innerhalb der Mantelhöhle von Planorbidae finden wir eine sekundäre Kieme, manche Arten wie *Planorbarius corneus* besitzen durch ihr Hämoglobin einen rot gefärbten Körper.

1 Unterschiedlich gefärbte *Helisoma anceps* bei der Nahrungsaufnahme. 2 Bei sehr weichem Wasser sind die Gehäuse recht dünn. 3 Posthornschnecken surfen auch gerne an der Wasseroberfläche zwischen Schwimmpflanzen. 4 Posthornschnecken sind überall im Aquarium unterwegs.

Die Gattung *Planorbarius* besitzt ein festwandiges Gehäuse, dessen Umgänge rund und durch eine tiefe Naht getrennt sind. In Europa finden wir *Planorbarius corneus* und die kleinere *P. metidjensis* aus Algerien, Marokko, Portugal oder Südspanien. Sie kann der Zwischenwirt für den Leberegel *Schistosoma haematobium* sein. Valide Unterarten sind *Planorbarius corneus corneus* und *Planorbarius corneus grandis*.

In Europa finden wir acht Arten der Gattung *Gyraulus*, wobei wir in unseren Aquarien auch Vertreter anderer Gebiete halten. Verbreitet sind besonders *Gyraulus chinensis, G. albus, G. parvus* oder *G. riparius.*

Weltweit mit etwa 30 Arten ist die Gattung mit der häufigsten Art *Ferrissia fragilis* verbreitet. Ihre Gehäuse sind napfförmig und bis zu sechs Millimeter groß. Sie kommen in Seen, Bewässerungskanälen und Fließgewässern vor.

Futterreste, die zwischen Steine gefallen sind, werden eliminiert.

Ferrissia fragilis, auf dem Operculum einer *Melanoides tuberculatus.*

Ferrissia fragilis Tyron, 1863

Zerbrechliche Mützenschnecke

F. fragilis lebt an Blättern und Stängeln von Pflanzen, Holz, Falllaub oder Steinen. In Weihern, Überflutungsbereichen von Flüssen, Kiesgruben und Talsperren ist sie zu finden.
Nach Beobachtungen von Blinn et.al. (1989) wurde sie in einem näher untersuchten Teich in Arizona/USA im Sommer ausschließlich an den Unterseiten der Teichrosenblätter (*Nuphar luteum*) gefunden, andere Wasserpflanzen wurden nicht besiedelt. Im Winter dagegen fand sich die Art auch an den faserigen Wurzeln von *Carex senta*.

Das flache, schildförmige Haus ist dünnwandig und durchscheinend, mit einer abgerundeten Spitze, die nach hinten rechts geneigt ist. Die eiförmige längliche Mündung wird hinten schmaler. Bei ungünstigen Umständen, wie beispielsweise Sauerstoffmangel, kann sie ihre Mündung mit einer Zwischenwand (Septum) verschließen. In der Natur tut sie dies, wenn die Umgebung austrocknet. Das Haus ist glatt, hellgrau bis beinahe weiß und besitzt ganz feine Zuwachslinien.

Der weiße Körper ragt nicht unter dem Haus hervor und man kann erkennen, dass der Kopf abgesetzt ist. Die Fühler, an deren Basis die Augen sitzen, sind kurz und stiftförmig.

Die Mützenschnecke ist recht tolerant gegenüber Verschmutzungen, Sauerstoffmangel und hohen Temperaturen. Nach Beobachtungen von van der Velde (1991) halten die Mützenschnecken in Mitteleuropa keine Winterruhe, sondern sind ganzjährig aktiv.

In natürlichen Gewässern verlassen die überwinternden Tiere zumindest teilweise das Flachwasser und sind dann auch auf Substraten der Gewässersohle zu finden.

Sie scheint mit sehr unterschiedlichem Umfeld zurecht zu kommen. Sandiger Bodengrund mit Falllaub und ein wenig Holz sowie eine Bepflanzung mit *Nymphoides* sp. passt gut zu ihr. Im Aquarium wird sie meist eingeschleppt mit Pflanzen. Besonders wohl fühlt sie sich mit Garnelen ohne andere Gastropoden. Eine Haltung mit Panzerwelsen, Schnecken und Zwerggarnelen ist auch unproblematisch, sofern genug Algen vorhanden sind.

Im Freiland lebt sie unter anderem mit *Gyraulus albus* und *Radix peregra* zusammen, häufig findet man sie auch mit *Segmentina nitida* und *Lymnaea stagnalis*.

Wie die anderen Lungenschnecken ist sie zwittrig angelegt. Die Zwitterdrüse produziert sowohl Ei-, als auch Samenzellen. Eine Selbstbefruchtung ist möglich. Bei Untersuchungen (Wautier) wurde festgestellt, dass die Geschlechtsorgane bei vier Prozent der Tiere vollständig ausgebildet sind, bei den übrigen fehlt der Penis. Die Art muss sich somit überwiegend durch Selbstbefruchtung fortpflanzen. Der Laich, der nur aus einem Ei besteht, ist flach und transparent, hat einen Durchmesser von einem Millimeter. Sie fallen im Aquarium kaum auf. Ein frisch geschlüpftes Jungtier ist ca. sechs Millimeter groß.

Verwechslungen sind mit den Jungtieren der Teichnapfschnecke (*Acroloxus lacustris*) möglich, allerdings kann man mit der Lupe erkennen, dass die Spitze der Teichnapfschnecke (im Gegensatz zu *Ferrissia*-Arten) nach hinten links zeigt, auch Fühler und Gelege unterscheiden sich.

Verbreitung: USA, Süden Kanadas, Philippinen und Taiwan sowie in vielen europäischen Ländern

Größe: 1 x 1,5 x 3,2 mm (H x B x L)

Lebenserwartung: 11 bis 14 Monate

Aquariengröße: ab 5 Liter

Wassertemperatur: 10 bis 25 °C

Härte: von weich bis hart

pH-Wert: 6,0 bis 8,5

Futter: kleinzellige Diatomeen (wie sie unter Seerosenblättern wachsen) und andere Algenbeläge. Zum Eliminieren größerer Algen ist sie nicht geeignet. An zugeführtem Futter wurde sie noch nicht gesehen.

Aquarienabdeckung: nein

Gelbe Teichrose (*Nuphar lutea*).

Foto: I. Polaschek

Hellblau-rosa Farbzuchtform von *Helisoma anceps*.

Foto: C. Lukhaup

Helisoma anceps (Menke, 1830)

Helisoma- und *Planorbella*-Arten unterscheiden sich in der Form des Hauses. *Helisoma* haben in ihren fünf, spiralförmig angelegten Umgängen eine Kante auf der rechten Seite. Die Schale ist linksgewunden, blassbraun bis schwarzbraun. Die Unterseite ist leicht eingedrückt, auf der Oberseite finden wir die typische Kante. Der letzte Umgang ist recht groß und hat gerade Linien. Auf der Innenseite befindet sich ein rötliches Band. Der Umbilicus ist tief und schmal, die Mündung wie ein Ohr geformt.

Verbreitung: Nordamerika, von Westkanada bis Florida

Größe: 21 mm

Lebenserwartung: ca. 18 Monate

Aquariengröße: ab 10 Liter

Wassertemperatur: 10 bis 25 °C

Härte: von weich bis hart

pH-Wert: 6,5 bis 8,5

Futter: Algen, jedes Restfutter und abgestorbene Pflanzenteile

Aquarienabdeckung: nein

H. anceps kommt gut in unseren warmen Süßwasseraquarien zurecht und vermehrt sich erfolgreich. Regelmäßiger Wasserwechsel, nicht zu sehr strömendes Wasser, eine kräftige Bepflanzung und ausreichend Futter genügen ihr, um sich erfolgreich zu vermehren.

Ist das Aquarium dicht bepflanzt, kann sich auch in einem Zwergflusskrebs-Aquarium eine winzige Population halten. Vor allem, wenn das Becken mit Schwimmpflanzen (*Nymphoides* sp.) gefüllt ist und man auf Pflanzen für die Zwergkrebse verzichtet. Mit Fischen, Welsen und Zwerggarnelen sowie anderen Gastropoden lebt sie gut zusammen.

Planorbarius corneus (Linnaeus, 1758) Posthornschnecke

Planorbarius corneus kommt im Aquarium nicht gut zurecht, da ihr meist zu wenig Futter angeboten wird.

P. corneus bevorzugt pflanzenreiche, langsam fließende und stehende Gewässer und ist meist an Wasserpflanzen sowie Falllaub und anderen Bodensubstraten zu finden.

Ihr Haus ist matt glänzend und einfarbig von dunklem Rotbraun bis Grüngrau, wobei die Oberseite meist heller, manchmal weiß oder leicht blau gefärbt ist. Es soll auch Mutanten mit pigmentlosem Gehäuse geben, bei denen der Weichkörper dann normal pigmentiert oder pigmentarm ist (nach Boettger, 1933). Der genetische Defekt, der zu einem pigmentlosen Gehäuse führt, vererbt sich rezessiv. Sie trägt ihr Haus leicht zur Seite gekippt. Der Fuß ist im vorderen Bereich breiter, der Kopf vom Fuß abgesetzt. Die kurzen Fühler sind pfriemförmig und an ihrer Basis sitzen die Augen.

Der Körper ist dunkelbraun, rotbraun oder graubraun. Allerdings werden auch Albinos gefunden, deren Körper aber nicht weiß, sondern rot (vom roten Blutfarbstoff) ist. Die Geschlechtsöffnungen befinden sich an der linken Körperseite. Die männliche befindet sich hinter dem linken Fühler und ist als pigmentarme Stelle erkennbar. Beim aktiven Tier ragt meist ein lappenförmiger Fortsatz aus der linken Mantelhöhle heraus. Er wird als Pseudo- oder Hilfskieme bezeichnet und unterstützt die Atmung über Mantelhöhle und Haut. Kurz davor, ebenfalls an der linken Körperseite, befindet sich der After.

Die Entnahme aus dem Freiland ist in Deutschland verboten, allerdings werden in Gartencentern und Zoofachgeschäften jedes Frühjahr Wildfänge aus Osteuropa angeboten.

Man kann sie im Teich oder im Mörtelkübel halten. Fürs Aquarium sind sie weniger geeignet. Nur wenigen Aquarianern ist es gelungen, *P. corneus* im Süßwasserbecken zu halten und zu vermehren. Hier haben sich die ausländischen Ver-

Die hellere Unterseite von *P. corneus* ist ein Erkennungsmerkmal ihrer Art.

treter als passender erwiesen. Der Teich sollte mindestens 80 Zentimeter tief sein und einen schlammigen Grund sowie eine Flachwasserzone besitzen. Ebenso Bereiche mit weichem Substrat und reichlich Pflanzen. In sehr kalten Wintern kann es von Vorteil sein, Löcher ins Eis zu schlagen, damit die Sauerstoffversorgung gewährleistet ist. Die Schnecken kommen ohne Technik zurecht, Filterung und Umwälzung sind nicht nötig. In kleineren Teichen kann man sie gut mit Moderlieschen, Stichlingen oder Gründlingen halten, mit Krebsen eher nicht. Ist der Teich groß genug, wird eine kleine Population auch beim Besatz mit Cypriniden bis Goldfischgröße möglich sein.

Die zwittrig angelegten Tiere sind zur Selbstbefruchtung fähig. Allerdings findet man in den Gelegen, die dadurch entstanden sind, wesentlich weniger Eier, nach eigenen Beobachtungen meist nur zwei oder drei Stück. Die Laichballen sind gallertartig und werden an hartblättrige Pflanzen oder Steine geheftet, im Aquarium finden wir sie häufig an der Aquarienscheibe. Ein ausgewachsenes Tier legt in der Nacht bis zu drei Gelege mit etwa 70 Eiern, diese sind leicht erhaben und oval, 30 Millimeter lang und 15 Millimeter breit. Die beste Schlupfrate erfolgt bei einer Umgebungstemperatur von 25 °C und höher. Die Entwicklungszeit liegt bei zwei bis fünf Tagen. Bei niedrigeren Temperaturen (14 ° C), kann sich der Schlupf bis zu 26 Tage hinauszögern. Die in Gefangenschaft gehaltenen Tiere werden zwischen dem 20. und 40. Lebensmonat geschlechtsreif.

Posthornschnecken atmen hauptsächlich über die Haut (einschließlich Hilfskieme) und kommen seltener an die Wasseroberfläche. Eine vorübergehende Austrocknung des Gewässers können sie über längere Zeit überdauern, indem sie ihr Gehäuse mit einer Schleimlamelle verschließen und von ihren Reserven leben. Ähnlich inaktiv verbringt sie in Nord- und Mitteleuropa eine Winterruhe am Gewässergrund.

Nach Untersuchungen (Russel-Hunter 1985) verloren die Tiere z.B. im Laufe einer 126 Tage dauernden Winterruhe 44 Prozent an Biomasse. Für 33 Prozent der Tiere war der Winter zu lang, die Reserven aufgebraucht, und sie starben.

Auch die heimischen Planorbidae werden von verschiedenen Arten an Trematoden (Saugwürmer) als Zwischenwirt befallen. Endwirt der Zerkarien (Larvenstadium der Egel) sind Wasservögel, Fische, Amphibien oder Säugetiere.

Verbreitung: sie ist paläarktisch verbreitet, in Europa, Nordafrika bis zum Südrand der Sahara und in Asien bis zum Himalaya. In vielen Regionen Deutschlands in der Tiefebene und im Mittelgebirge

Größe: 40 mm

Lebenserwartung: bis zu 1,5 Jahren, im Kaltwasser auch bis zu 3 Jahren

Aquariengröße: ab 50 Liter, besser im Teich oder Kübel

Wassertemperatur: 0 bis 30 °C

Härte: von weich bis hart

pH-Wert: 5,5 bis 9,0

Futter: Algen, abgestorbene Pflanzenteile, Detritus und Aas. Aber auch Gemüse und künstliches Futter sowie *Spirulina*. Die Jungtiere hängen über Kopf an der Wasseroberfläche und zehren von der Kahmhaut

Aquarienabdeckung: nein

Planorbella duryi (Wetherby, 1879), Synonym: *Helisoma trivolvis*

Kleine Posthornschnecke

Posthornschnecken besitzen im Gegensatz zu anderen Wasserschnecken Hämoglobin, den roten Blutfarbstoff. Ihre fadenförmigen Fühler sind nicht einziehbar und obwohl sie keinen Deckel besitzen, sind sie in der Lage, kurze Trockenperioden zu überstehen und sich dabei sehr weit in ihr Gehäuse zurückzuziehen und eine Schleimlamelle zu bilden. Eine leicht zu züchtende Aquarienschnecke, die es auch schon in etlichen Farbformen wie Rosa, Oliv, Blau oder Orange gibt.

Ihr Gehäuse besitzt 4,5 Umgänge, die rasch zunehmen. Die Unterseite ist flach, der letzte Umgang leicht gekantet. Die Windungen liegen meist in einer Ebene, können aber auch etwas erhaben sein. Ihre natürliche Färbung ist rotbraun bis dunkelbraun, der Körper entsprechend dunkelbraun bis fast schwarz. Die Fühler sind gerade mit den Augen an der Basis. Wir gehen davon aus, dass die gezüchteten Farbvarianten der Gattung *Planorbella* angehören – dazu gibt es allerdings noch keine Forschungen.

Verbreitung: ursprünglich aus Nordamerika, in künstlich erwärmten Gewässern aber auch in Europa eingeschleppt

Größe: 10 x 20 mm (H x B)

Lebenserwartung: bei 25 °C ca. 2 Jahre

Aquariengröße: ab 10 Liter

Wassertemperatur: 10 bis 27 °C

Härte: von weich bis hart

pH-Wert: 5,5 bis 9,0

Futter: verwesende Pflanzen, Mulm, Futterreste, Algen, Gemüse und Futtertabletten

Aquarienabdeckung: ja

Planorbella duryi gibt es selten im Aquarium und dann auch nicht in Farbzuchtformen.

Foto: Himmelmoor, Pixabay

Planorbella-Arten kommen mit den unterschiedlichsten Wasserverhältnissen zurecht. Pflanzen mögen sie gern, müssen aber nicht sein. Bei Zimmertemperatur bis 26 °C, mit einer pflanzenreichen Einrichtung und viel Futter, vermehrt sie sich hervorragend. Um ein schönes Gehäuse zu erhalten, sollte man bei Weichwasseraquarien eventuell Kalk in Form von Sepiaschale zuführen.

Eine Vergesellschaftung mit Schlammschnecken und Schnecken der Gattung *Pomacea* ist nicht anzuraten, da diese die Gelege der Posthornschnecken eliminieren.

Auch auf eine Vergesellschaftung mit Krebsen sollte verzichtet werden. Mit Zwerggarnelen und Schnecken aus den Familien **Planorbidaea und Cerithoidea** kommt sie gut zurecht, auch mit etwas ruppigeren Fischen, sofern sie nicht gefressen wird.

P. duryi ist zwittrig angelegt zur Selbstbefruchtung fähig, es reicht ein Exemplar aus, um einen neuen Lebensraum mit einer kleinen Population zu füllen. Allerdings ist die Anzahl der im Gelege enthaltenen Eier gering. Das Geschlechtsorgan sitzt hinter dem linken Fühler und wird in die Geschlechtsöffnung des zweiten Tieres eingeführt. Nach erfolgreicher Befruchtung legt die Schnecke ein ovales, leicht erhabenes Gelege von ca. 15 Eiern an ein hartes Substrat. Mit dem Erreichen des vierten Lebensmonats sind sie fortpflanzungsfähig und können bis zu 40 Eier in der Woche ablegen. Die Gelege entwickeln sich bei einer Wassertemperatur von 24 bis 26 °C innerhalb von zehn Tagen.

Planorbella scalaris (Jay, 1839)

Stufen-Posthornschnecke

Das Gehäuse variiert in den Farben Schwarz, Braun und Rotbraun bis hornfarben. Die drei bis 3,5 Umgänge sind nach hinten deutlich voneinander abgesetzt, der letzte Umgang ist erheblich größer. Die Fühler sind gerade und dünn, die Augen sitzen an der Basis.

Die Körperfarbe kann dunkelgrau, fast schwarz sein, bis hin zu einem hellen Braun mit noch helleren Sprenkeln.

P. scalaris liebt es warm und pflanzenreich, kommt auch mit wenig bewegtem Wasser zurecht und verträgt im Sommer Temperaturspitzen bis 32 °C, das sollte allerdings nicht ganzjährig so gehandhabt werden. Im Winter muss geheizt werden, sodass eine Temperatur von 20 °C gehalten wird.

Sie kommt schlecht mit Nahrungskonkurrenten zurecht und sollte in einem Aquarium ohne starke Konkurrenz gehalten werden. Die Stufen-Posthornschnecke wird recht schnell von ihr verdrängt. In einem Garnelenbecken mit starker Fütterung und regelmäßigem Wasserwechsel fühlt sie sich wohl, im Gesellschaftsaquarium mit anderen Gastropoden, Fischen und Welsen geht sie jedoch schnell unter. *P. scalaris* hat eine weite Reise hinter sich, vermehrt sich in Italien prächtig und ist in einigen Seen dominant, weshalb man kaum verstehen kann, wieso sie sich im Aquarium nicht durchsetzt. Sie ist eine seltene und interessante Schnecke und auch die Albinoformen sind attraktiv.

Die zwittrig angelegten Tiere befruchten sich selbst, es finden sich zwei Schnecken zusammen, die eine sitzt seitlich links an der anderen und führt ihr Geschlechtsorgan in die Geschlechtsöffnung des zweiten Tieres ein. Wenige Tage später werden die Eipakete an Pflanzen, Einrichtungsgegenständen oder der Aquarienscheibe angeklebt. Sie sind klein und gallertartig, mit max. 20 Eiern gefüllt, die spiralförmig im Gelegeballen angeordnet sind. Bei Temperaturen um die 27 °C schlüpfen die Schnecken nach sieben Tagen.

P. scalaris sucht überall nach Futterresten.

Verbreitung: Mittel- bis Süd-Florida in pflanzenreichen Sümpfen und Seen. Inzwischen finden wir sie auch in Südafrika, Südamerika, auf den Karibischen Inseln und in Südeuropa

Größe: 10 mm Länge

Lebenserwartung: etwa 1 Jahr

Aquariengröße: ab 10 Liter

Wassertemperatur: 20 bis 30 °C

Härte: von weich bis hart

pH-Wert: 6,5 bis 8,0

Futter: Algen, Aufwuchs und Mulm, abgestorbene Pflanzenteile und künstlich zugeführtes Futter jeder Art

Aquarienabdeckung: nein

Eine untergeordnete Rolle in unseren Aquarien spielen die Arten der Gattung *Gyraulus*:

Gyraulus weidet an der Wasseroberfläche.

Gyraulus chinensis (Dunker 1848) Chinesisches Posthörnchen

Wie der Name erahnen lässt, kommt sie aus Asien und lebt dort hauptsächlich in Reisfeldern. Inzwischen finden wir sie auch in Südfrankreich, Deutschland, den Niederlanden und anderen Mittelmeerländern.

Das helle hornfarbene Haus ist dünnwandig, durchscheinend, glänzend und manchmal spiralförmig gestreift. Die Oberseite ist bis auf den letzten Umgang leicht eingesenkt. Es besitzt 3,5 bis 4 Umgänge, die schnell anwachsen und gerundet sind, die Mündung steht leicht nach oben. Das Haus ist 1,3 x 4 Millimeter (B x H) groß. Der Körper des Tieres hat dunkle Flecken auf hellem Grund.

Gyraulus crista (Linnaeus, 1758) Zwergposthörnchen

Sie ist in Nord-, West-, Mittel- und Osteuropa verbreitet. Ihr bevorzugtes Gebiet sind pflanzenreiche Seen und Teiche sowie Gräben und schattige Tümpel. Der pH-Wert in der Natur liegt zwischen 5,7 und 9,6, sie ist aber sehr kompatibel.

Das Haus ist dünn und nicht glänzend, hornfarben und fein gestreift oder mit hervorstehenden Rippen versehen. Die drei rasch zunehmenden Umgänge sind nach oben gewölbt und unten abgeflacht, außen gekantet oder gekielt. Die Mündung sitzt meist auf dem vorletzten Umgang auf. Das Haus ist etwa 9 x 2,8 Millimeter (B x H) groß.

Gyraulus parvus (Say, 1817) Kleines Posthörnchen

Das glänzende, hornfarbene und dünne Haus ist unregelmäßig gestreift. Es hat 4,5 Umgänge ohne Kiel, die Mündung kann schräg gestellt sein, muss aber nicht. Sie wird 1,3 x 5 Millimeter (H x B) groß. Der zweitletzte Umgang ist deutlich hervorgehoben und unterscheidet sie dadurch von *G. laevis*. Sie kommt ursprünglich aus Nordamerika, wurde aber nach Deutschland verschleppt. Dort fand man sie erstmals 1973 in einem Autobahnsee bei Speyer. Inzwischen gibt es weitere Funde in Island, Luxemburg und Tschechien. Sie lebt in Teichen und Seen, in Europa nur in künstlich angelegten Gewässern. Hierzu gibt es allerdings keine übergreifenden Feldstudien.

Gyraulus albus (O.F. Müller, 1774) Weißes Posthörnchen

Wir finden sie in Nord-, Mittel-, West- und Osteuropa, also auch in Deutschland. Dort kommt sie in stehenden und langsam fließenden Gewässern vor und toleriert einen pH-Wert zwischen 5,2 und 7,8. In ihrem Darminhalt fand man 95 Prozent Detritus und 5 Prozent Diatomeen. Das dünne gelbbraune Haus ist durchscheinend. Manchmal schimmert es grünlich und besitzt eine deutliche Spiral- und Gitterstruktur. Bei Tieren aus der Natur findet man einen dunklen Belag auf dem Haus. *G. albus* besitzt vier bis 4,5 rasch anwachsende Umgänge, die Oberseite ist tief eingesenkt, die Unterseite flach. Die ersten Windungen sind beidseitig tief eingeschnitten. Das Periostrakum kann bei jungen und adulten Tieren mit feinen Borsten versehen sein. Die Mündung ist quer-elyptisch und schräg nach oben gezogen. Sie wird bis zu 7 Millimeter breit und 1,8 Millimeter hoch.

Links:
Ein Millimeter großes Jungtier an einer ausgewachsenen Schnecke.

Rechts: Gelege werden gern an Hartsubstrat in dunklen Bereichen abgelegt.

Der hervorragene Sipho ist nicht das Maul, er wird zur Ortung von Nahrung verwendet.

Hornschnecken
Buccinidae

C. helena mit Posthornschnecke.

Foto: P. Pfeiffer

Die Familie der Buccinidae ist weltweit verbreitet, von den arktischen Gewässern bis zu den Tropen. Die meisten Familienmitglieder finden wir im marinen Bereich. Auch die Süßwasserschnecken dieser Familie sind Räuber und leben carnivor, von Frischfleisch, Aas oder den Gelegen anderer Tiere. Im Aquarium wurden bei Nahrungsknappheit auch kannibalistische Züge entdeckt. Eine der Ausnahmen ist die Gattung *Clea,* deren Art *Clea helena* (früher: *Anentome helena*) wir in der Aquaristik finden.

Seltene Farbvariante von *Clea helena*.

Clea helena kommt mit unterschiedlichstem Substrat zurecht

Foto: C. Engelbogen

Clea helena (Philippi, 1847) Raubturmdeckelschnecke

Clea helena gehört zu den carnivoren Wasserschnecken, die im Einzelhandel regelmäßig angeboten werden. Als Turmdeckelschnecke verkauft, wunderte man sich bald über das Massensterben der anderen Schnecken im Aquarium. Inzwischen wird sie wegen ihres Nahrungsverhaltens gezielt eingesetzt, um Schneckenplagen anderer Gattungen Herr zu werden.

Verbreitung: Südostasien
Größe: 28 x 15 mm (H x B)
Lebenserwartung: 3 Jahre
Aquariengröße: ab 10 Liter
Wassertemperatur: 18 bis 28 °C
Härte: von weich bis hart
pH-Wert: 6,0 bis 8,5
Futter: andere Wasserschnecken und Gelege anderer Tiere, nimmt aber auch problemlos künstliches Futter mit einem hohen Anteil an tierischem Eiweiß
Aquarienabdeckung: nein

Man findet sie in den Herkunftsgebieten überwiegend in Flüssen, Seen und Teichen mit schlammigem Bodengrund, aber auch vor Wasserfällen und in Abwassergräben.

Ihr Haus ist turmartig, rechtsdrehend und weist Querrippen auf. Es besteht aus vier Umgängen. Die Grundfarbe ist hell- bis dunkelbraun und wird von einem cremeweißen Streifen unterbrochen, einen zweiten sieht man nur am letzten Umgang, in dessen Mitte er spiralförmig verläuft. Der Umbilicus ist geschlossen und die Naht eingesenkt. Auffällig ist der Siphonalkanal am unteren Ende der Mündung. Der Sipho, der durch den Siphonalkanal läuft, ist das Erste, was dem

Betrachter ins Auge fällt. Es handelt sich hierbei nicht etwa um das Maul, sondern um einen Teil des Mantels. Der Mündungsbereich ist weiß, das Operculum braun und kalkig. Sie hat einen hellgrauen bis dunkelgrauen, manchmal fast schwarzen Körper. Ihre Fühler, an deren Basis die Augen sitzen, laufen spitz zu. Der Fuß ist hinten abgerundet.

C. helena ist recht einfach in der Haltung, mag allerdings gerne einen Bodengrund, in den sie sich zur Jagd eingraben kann. Größere Einrichtungsgegenstände, in denen sie sich verkanten könnte, sollten gemieden werden.

Die Vergesellschaftung mit Zwerggarnelen und Fischen aller Art scheint ohne Probleme zu sein, außer wenn die Schnecke selbst auf dem Nahrungszettel der anderen Insassen steht. Legt man Wert auf einen Schneckenbestand anderer Arten, sollte man auf *Clea helena* verzichten, sie wird alles an Schnecken fressen, was zu finden ist. Auch an Laich von Panzerwelsen hat sie sich erfolgreich vergriffen. Hat man eine Schneckenplage im Aquarium, schafft *C. helena* Abhilfe.

Die Buccinidae sind getrenntgeschlechtlich. Das Männchen begattet das Weibchen mit seinem Geschlechtsorgan. Das erfolgreich befruchtete Weibchen verklebt einzelne Eier, die die Form eines Kissens haben. Das gallertartige Kissen ist durchscheinend, in der Mitte können ein bis zwei, selten auch drei Eier sitzen. Die Eier werden gerne an hartes Substrat, bei mir im Aquarium am liebsten an einen Filter geheftet.

Je nach Umgebungstemperatur dauert die Entwicklung etwa vier Wochen (bei 25 °C). Die kleinen Schneckchen ernähren sich nach dem Schlupf von Detritus und Aas.

Interessant ist, wie *C. helena* auf Beutefang geht: Durch den Sipho strömt Wasser, das an einem Osphradium (griech:

Eientwicklung von *C. helena*.
Fotos: P. Pfeiffer

Hier weist das Operculum einen dunklen Belag auf, der aber nicht typisch ist.

Das Opfer wird mit dem Fuß festgehalten, während der säurehaltige Speichel einfließt.

Wildfänge zeigen häufig korrodierte Gehäusespitzen.

Riechmittel) genannten Sinnesorgan vorbeigleitet. Diese Hautverdickung am Eingang der Mantelhöhle ist mit Flimmern bedeckt, den Chemo- und Mechanorezeptoren. Hier wird das einströmende Wasser ausgewertet und zeigt an, welche Nahrung im Umkreis zu finden ist. Man sieht, wie die Raubschnecke mit weit vorgestrecktem Sipho gezielt ihre Beute verfolgt. Manchmal liegt sie halb eingegraben im Bodengrund und man sieht nur den Sipho hervorragen. Sobald sie Witterung aufgenommen hat, kommt sie hervor und jagt das Tier. Hat sie ihre Beute mit dem Fuß erfasst, streckt sie ihr Maul unter das Haus der Beuteschnecke und sondert eine säurehaltige Flüssigkeit ab. Dieser saure Speichel hilft beim Zersetzen des Fleisches oder des Hauses. Die Annahme, dass *Clea helena* keine Deckelschnecken fressen kann, ist weit gefehlt, denn auch der Deckel bietet keinen Schutz, so soll sie mit ihrem Speichel in der Lage sein, Löcher in den Deckel zu ätzen. Ich selbst habe das aber nicht beobachten können.

Gelegentlich liest man, dass sie auch Planarien oder sogar Egel frisst. Ich konnte das bei meinen Versuchen nicht feststellen. Ganz im Gegenteil, die Raubschnecken fielen nach einiger Zeit übereinander her, während die Strudelwürmer eifrig umherkrochen.

Foto: C. Lukhaup

Foto: srangib, Pixabay

Schwarzdeckelschnecken Melanopsidae

Als Cappuccinoschnecke gehandelt, ist sie doch eine *Faunus ater*.

Die Gattung *Faunus* besteht nur aus der Art *Faunus ater*, die allerdings in ihrer Morphologie, je nach Fundort, variieren kann. So gehört die im Handel angebotene Cappuccino-Schnecke auch zur Art *F. ater*.

Etwa 200 Arten der Gattung *Melanopsis* finden wir allein im Mittelmeerraum. Momentan werden zur Klärung der Artenvielfalt noch molekularbiologische Untersuchungen durchgeführt, um die nach Gehäusemerkmalen unterschiedenen Arten etwas einzugrenzen. So schreibt Glaubrecht (1996), dass es durchaus sein könne, dass es sich um nur eine Art (*M. Praemorsa*) handle, die sehr formvariabel ist.

Leider findet man *Melanopsis* nicht im Handel, gelegentlich kann man sie im Internet erwerben. Selten als Nachtzucht, obwohl sie sich im Artenbecken vermehren lässt.

Die dicke schwarzbraune Schicht ist ein Belag auf dem Haus.

Faunus ater (Born, 1778)

Teufelsdornschnecke, Teufelsschnecke

Verbreitung: Java, Indien, Sri Lanka, Myanmar, Singapur, Indonesien und China bis zu den Philippinen, Neuguinea, den Pazifischen Inseln und Nordaustralien

Größe: 85 x 20 mm (H x B)

Lebenserwartung: 5 Jahre

Aquariengröße: ab 60 Liter

Wassertemperatur: 22 bis 30 °C

Härte: von weich bis hart und Brackwasser

pH-Wert: 6,5 bis 8,5

Futter: gemörsertes Futter (Staubfutter) unterschiedlichster Zusammensetzung, aber auch Gurke, Paprika und andere Gemüse

Aquarienabdeckung: nein

Im Herkunftsgebiet lebt sie in Süß- und leichtem Brackwasser in den Flussmündungen des Tieflandes, die während der Ebbe trockenfallen und bei Flut unter Brackwassereinfluss stehen. Sie lebt gerne im Süßwasser, zeichnet sich aber auch durch Brackwassertoleranz aus (van Benthem-Jutting, 1956 und Starmühlner, 1975).

Ihr schlankes Gehäuse besitzt eine feine Spitze, viele flache Umgänge (18 bis 20) und schwach ausgeprägte Nähte. Es ist hoch getürmt, verläuft regelmäßig und zeigt feine Längs- und Spirallinien. Die spiralförmigen Linien werden zum Nabel hin stärker. Manche Exemplare, außer den aus Java stammenden, haben manchmal kleine Erhebungen auf dem Haus. Die Farbe des Hauses ist dunkelbraun und weist gelegentlich kleine Flammenmuster auf, mit einer schwarz glänzenden äußeren Schicht.

Die innen gelbbraune Mündung ist oval, mit besonders auffallenden Einschnitten in der oberen und unteren Seite. Der Mündungssaum ist nicht durchgängig, der äußere Rand ist gewunden. Alle Ränder sind verdickt und innen meist gelblich.

Das längliche Operculum ist oval mit einem außerhalb der Mitte liegenden Kern. Die Wachstumslinien sind spiralförmig gerollt und schnell anwachsend. *Faunus ater* hat einen grau-marmorierten Körper, es gibt aber auch graue und gelborangefarbene Exemplare. An der Basis der schlanken Fühler sitzen die Augen. Der runde Fuß ist heller als der Körper und wird gesäumt von hellen Punkten.

Morphologische Abweichungen sind möglich. So variiert die Form des Hauses gelegentlich, je nach Fundort, und die Windungen können auch gerade und nicht aufgeblasen sein.

Durch ihre Fortpflanzungsstrategie wird eine Vermehrung im Aquarium wohl ausgeschlossen sein. Das Weibchen der getrenntgeschlechtlichen Tiere legt nach erfolgreicher Befruchtung Eier, aus denen Larven schlüpfen, die mit der Ebbe ins Meer gespült werden. Diese Larven benötigen das salzige Umfeld und dessen Nahrung zum Heranwachsen (Glaubrecht, 1996).

Sie zeigt sich, sofern sie schlammigen oder sandigen Bodengrund mit Holz und Steinaufbauten vorfindet, wohin sie sich zurückziehen kann, als langlebige und relativ einfache Bewohnerin in unseren Aquarien. Die Jungtiere sind wesentlich agiler als die ausgewachsenen, die meist viele Stunden am Tag damit zubringen, halb eingebuddelt im Sand herumzuliegen.

Bedingt durch die Größe der Tiere sollte man sie in einem Aquarium nicht unter 80 Zentimeter Kantenlänge halten. Auf dichte Bepflanzung sollte verzichtet werden, damit sie ungehindert das Terrain erkunden kann.

Manche Tiere haben anstatt des grauweißen Körpers einen orangegelben Anteil.

Sie kommt gut mit anderen Schnecken aus und frisst keine Wasserpflanzen. Zwerggarnelen stören sie nicht weiter, allerdings mag auch sie nicht mit aufdringlichem Fischbesatz vergesellschaftet werden oder gar das Becken mit Schneckenfressern teilen. Sie ist eine Wasserschnecke, die nicht für ein herkömmliches Gesellschaftsaquarium zu empfehlen ist.

Sie kann tagelang an ein und derselben Stelle verharren, gelegentlich sieht man den oberen Mündungsbereich ihres Gehäuses, der eine erhöhte Aussparung aufweist, aus dem Sand schauen. Dabei fällt ein Teil des Mantellappens auf, mit dem das Wasser eingesaugt wird. Es ist möglich, dass sie darin enthaltene Partikel filtriert, es könnte aber auch sein, dass durch diese Öffnung ihre Lunge mit Sauerstoff versorgt wird. Dadurch kann sie ungestört dort liegen und atmen, ohne in ungeschütztes Gebiet vordringen zu müssen. Untermauert wird diese Theorie durch ihre natürlichen Umweltbedingungen. Meist wird sie im Schlick gefunden, in brackigen Ästuaren, in denen häufig ein Sauerstoffdefizit herrscht. Diese Art der Sauerstoffaufnahme würde es ihr ermöglichen, im Schlick zu bleiben und das Defizit auszugleichen.

Melanopsis praemorsa (Linnaeus 1758) Maurenschnecke

Melanopsis praemorsa zeigt sich in ihrer Gehäusestruktur vielfältig.

Foto: C. Lukhaup

Ihr Umfeld ist recht unterschiedlich, sie kommt in warmen und kalten Quellbereichen, Bächen, Flüssen, Kanälen und Seen und auch im brackigen Wasser vor.

Die Maurenschnecke ist variabel in Form und Farbe und kann von hellbraun, beige bis schwarz viele Nuancen aufweisen. Ihr Haus ist rechtsgewunden und turmförmig. Die Umgänge sind stufig abgesetzt, sofern sie deutliche Querrippen aufweist. Am unteren Ende der Mündung hat sie einen siphostomen Ausschnitt, auffällig sind die Verdickungen auf der Innenseite der Mündung. Das Operculum ist eher spitz zulaufend und kalkig. Der Körper ist hellgrau bis schwarz, die Augen sitzen an der Basis der relativ kurzen Fühler. Sie hat einen kurzen Fuß und wirkt ziemlich eckig mit einer rüsselartigen Schnauze.

Wie es bei Vorderkiemern üblich ist, sind sie getrenntgeschlechtlich. Das erfolgreich befruchtete Weibchen legt ihre Eier an hartes Substrat (Steine) im Schatten. In der Natur wurden die Gelege und Einzeleier auch auf dem Weichsubstrat verstreut gefunden. Die Gelege sind drei Millimeter lang und einen Millimeter breit und an einer Seite leicht zugespitzt. Bis zu 30 Eier kann das geleeartige Gelege beinhalten.

Einer Vergesellschaftung mit anderen Gastropoden (außer *Clea helena*), Zwerggarnelen, Zwergflusskrebsen und ruhigen Fischen steht nichts im Wege.

Eine andere von der Insel Rhodos durch Urlauber eingeführte Art ist *Melanopsis buccinoidea* (Olivier 1801), sie besitzt eine glatte Oberfläche und ist schwarz.

Verbreitung: Spanien, Italien, Rumänien, Griechenland, Zypern, Türkei, Irak, Iran und Israel

Größe: 30 x 10 mm (H x B)

Lebenserwartung: 4 Jahre

Aquariengröße: ab 30 Liter

Wassertemperatur: 16 bis 28 °C

Härte: von mittel bis hart oder Brackwasser

pH-Wert: 7,0 bis 8,5

Futter: Sie liebt Wasserpflanzen, besonders *Hygrophila* sp. (Wasserfreund), *Nymphoides* sp. und Javafarn. Darüber hinaus Gemüse, Futterreste jedweder Art, Blätter von Walnuss, Buche usw.

Aquarienabdeckung: nein

Foto: Unsplashed, Pixabay

Blasenschnecken
Physidae

Blasenschnecken kriechen bei der Futtersuche auf jedem Substrat umher.

Die Artenvielfalt der Blasenschnecken ist groß. Auf der ganzen Welt, im gemäßigten Klima, finden wir Vertreter dieser Familie. Entsprechend ihres natürlichen Verbreitungsgebietes kann sie in Kalt- und Warmwasseraquarien gehalten werden. Je nach Jahreszeiten und Ursprungshabitat liegt die Haltungstemperatur zwischen 0 und 30 °C, mit jahreszeitlichen Schwankungen. Schnecken dieser Familie haben ein linksgewundenes Haus, das glänzend und glatt ist. Die Fühler sind lang und dünn. Auffallend ist der Fuß, der zum Ende hin immer spitz zuläuft. Hinter dem linken Fühler treten die Geschlechtsorgane nach außen. Hat sich die erste Generation erfolgreich im Becken vermehrt, ist der Nachwuchs an die vorherrschenden Umweltbedingungen angepasst. Allerdings ist die Verträglichkeit artenspezifisch. So vertragen *Aplex*-Arten wesentlich saureres Wasser als *Physa*-Arten. Ausgestattet mit einer Art Lunge, mit der sie trockene Luft verarbeiten kann, und der Möglichkeit, auch Trockenperioden zu überstehen, steht der Verbreitung in der

Blasenschnecken und Posthornschnecken können gut zusammen gehalten werden.

Aquaristik nichts mehr im Wege. (Bei allen Wasserlungenschnecken haben sich die Kiemen zurückgebildet, sie atmen durch das durchblutete Dach der Mantelhöhle.) Mit den Laichballen, die gerne an Pflanzen geklebt werden, kommt sie meist ungewollt in neu eingerichtete Becken.

Je nach Art findet man sie in der Natur in langsam fließenden, pflanzenreichen Gewässern, teilweise auch in Stillwasserbereichen. Die Größe der zwittrig angelegten Tiere variiert je nach Art und Umfeld zwischen 7 und 15 mm. Alle Physiden, außer der Gattung *Aplex,* haben fingerförmig ausgezogene Lappen am Mantelsaum, manche Arten einseitig, andere beidseitig ausgebildet. Dieser Mantelsaum unterstützt die Atmung der Physiden (Hautatmung).

Wichtig für uns sind die Gattungen *Physa* und *Physella*. Die bekannteste Art ist *Physa fontinalis* (Linnaeus 1758), die in fast ganz Europa in pflanzenreichen Seen, Teichen und Kanälen lebt. Wenn wir sie pflegen möchten, ist ein Kaltwasseraquarium ab fünf Litern geeignet. Wie alle heimischen Süßwasserschnecken ist sie zwittrig angelegt und zur Selbstbefruchtung fähig. Nach erfolgreicher Befruchtung werden die transparenten gallertartigen Gelege an Wasserpflanzen oder anderes hartes Substrat gelegt. Die Physiden sind bekannte Zwischenwirte der Zerkarien (Larven) des Typus *Trichobilharzia.* In Deutschland steht sie auf der Vorwarnliste, in Österreich und der Schweiz gilt sie bereits als stark gefährdet.

Physa fontinalis (Linnaeus 1758) Quellblasenschnecke

Das dünnwandige Haus ist oval und besitzt vier linksgewundene Umgänge, die ein wenig gewölbt sind und durch eine meist hellere Naht getrennt sind. Die Mündung ist höher als die Höhe der Umgänge, wobei die Form ein wenig variieren kann. Die Spitze ist stumpf, der Nabel geschlossen. Das helle hornfarbene Haus ist glänzend und glatt, beinahe durchscheinend. Der Körper ist hell mit einem dunkleren Kopf. Auffallend ist der spitz zulaufende Fuß. Durch das dünne Haus kann man die Pigmentierung des Mantels häufig hindurchschimmern sehen. Die Fühler sind schlank, an ihrer Basis sitzen die Augen. Hinter dem linken Fühler befindet sich der Porus, aus dem der Penis hervorgestreckt werden kann. Die weibliche Geschlechtsöffnung ist ebenfalls linksseitig, aber durch das Haus verdeckt.

Die Temperaturen sollten ganzjährig nicht zu hoch sein, sondern jahreszeitlich schwanken. Die Quellblasenschnecke kommt weniger häufig in der Aquaristik vor als ihre Verwandte, die *Physella*. Aufgrund ihres Verbreitungsprofils ist davon auszugehen, dass sie höheren Temperaturen auf Dauer nicht gewachsen ist. In einem Kaltwasseraquarium ohne Schneckenfresser fühlt sie sich wohler.

Wie alle heimischen Süßwasserschnecken ist sie zwittrig angelegt und zur Selbstbefruchtung fähig. Nach erfolgreicher Befruchtung werden die transparenten gallertartigen Gelege an Wasserpflanzen oder Scheibe, Einrichtungsgegenstände oder den Innenfilter gelegt. Die Gelege jüngerer Tiere sind eher rundlich und gewölbt, während die der älteren Schnecken länglich oval sind. Die Gelege können je nach Größe bis zu 22 Eier enthalten, jedes Ei hat eine Größe von etwa 0,8 Millimetern. Nach zwei bis drei Wochen, abhängig von der Umgebungstemperatur, verlassen die Jungschnecken das Gelege.

In Deutschland steht sie auf der Vorwarnliste, in Österreich und der Schweiz gilt sie bereits als stark gefährdet.

Eine Blasenschnecke gleitet zügig durchs Aquarium, von Futterrest zu Futterrest.

Verbreitung: europaweit in pflanzenreichen Stillgewässern wie Seen, Teichen, Kanälen, auf Wasserpflanzen, im Schlamm und auf hartem Substrat

Größe: 12 x 7 mm (H x B)

Lebenserwartung: etwa 14 Monate

Aquariengröße: ab 5 Liter

Wassertemperatur: 0 bis 25 °C

Härte: mittel bis hart

pH-Wert: 7,5 bis 8,0

Futter: jede Art von Futtertabletten oder Futterresten

Aquarienabdeckung: ja

Auf jedem Substrat suchen sie nach Nahrung.

Physella acuta (Draparnaud, 1805)

Spitze Blasenschnecke

Das matt glänzende, gelbliche Haus besitzt bis zu sechs Umgänge, wobei der jeweils neueste Umgang am größten ist. An der hellen Mündung finden wir meist eine gelbweiße Lippe.

Sie kommt im normalen Gesellschaftsaquarium gut zurecht und mag es bevorzugt pflanzenreich. Auch bei den Wasserwerten ist sie sehr flexibel. An zugeführtes Futter gewöhnt sie sich sehr schnell und vermehrt sich im passenden Umfeld gut. Von vielen Aquarianern wird sie als Plage angesehen und wird von Schmerlen-, Krebs-, oder Kugelfischhaltern als Lebendfutter bevorzugt. Ihre einfache Zucht, die selbst im 10-Liter-Eimer problemlos möglich ist, prädestiniert sie geradezu zur Nutzung als Futterschnecke. Möchte man sie als Art pflegen, sollte man eine Vergesellschaftung mit carnivoren Schneckenfressern vermeiden.

Mit Erreichen der Geschlechtsreife beginnen die zwittrigen Tiere mit der Fortpflanzung. Sie setzen sich aufeinander, das oben sitzende Tier stülpt sein Geschlechtsorgan aus, das linksseitig an der Basis angelegt ist, und führt es in das Geschlechtsorgan des unten sitzenden Tieres ein. Dieses nimmt die Samen auf und wandelt sich danach zum Weibchen, das nach wenigen Tagen sein Gelege ablegt. Der Laich ist bei den ausgewachsenen Tieren nierenförmig und enthält bis zu 53 Eier. Der Laichstrang kann bis zu zehn Millimeter lang und 3,9 Millimeter breit sein. Die Gelege werden auf hartes Substrat gelegt, gerne auf Holz, aber auch auf den Aquarienscheiben und Innenfiltern sowie den Blättern hartblättriger Pflanzen. In der Natur produziert die spitze Blasenschnecke zwei Generationen im Jahr.

Ab 20 °C braucht ein Gelege maximal sieben Tage um auszureifen. Je wärmer das Wasser ist, desto schneller entwickelt sich die Jungschnecke im Ei. Die Schnecken schlüpfen vollständig entwickelt und sind wenige Millimeter kleine Tiere.

Eine Besonderheit, ähnlich den Schlammschnecken, ist das Hin- und Herschlagen des Gehäuses bei Belästigung. Nicht nur durch andere Schnecken, sondern auch durch starken Parasitenbefall. Manche Tiere schütteln ihr Gehäuse, obwohl weit und breit niemand zu sehen ist, der sie körperlich belästigt, und liegen dann meist einige Tage später verendet am Boden.

Verbreitung: im Mittelmeerraum, im Westen der Niederlande, in Deutschland, der Schweiz (im Tiefland), im Süden Luxemburgs. Sie lebt in stehenden und langsam fließenden Gewässern und im Uferbereich größerer Seen

Größe: 12 x 7 mm (H x B)

Lebenserwartung: abhängig von der Umgebungstemperatur, etwa 1 Jahr

Aquariengröße: ab 5 Liter

Wassertemperatur: 0 bis 30 °C

Härte: mittel bis hart

pH-Wert: 5,5 bis 9,5

Futter: jede Art von Futterresten und zerfallene Blätter. Keine höheren Pflanzen und auch kein Aas

Aquarienabdeckung: ja

In schwach strömenden, bepflanzten Becken kann man beobachten, wie sich die Blasenschnecke ihre Wege „spinnt". Wie alle Wasserschnecken ist sie mit einer Drüse ausgestattet, aus der Schleim austritt, sodass sie beim Gleiten durch das Wasser einen feinen Schleimfaden hinterlässt. Beginnt sie von der Wasseroberfläche in Richtung Boden zu „schweben", zieht sie den Faden hinter sich her, der durch die geringe Strömung erhalten bleibt. So zieht sich nach einiger Zeit eine beachtliche Menge an Fäden durch das Aquarium. Sie kann daran nicht nur von der Wasseroberfläche nach unten, sondern auf ihrer selbstgefertigten Autobahn auch von unten nach oben oder von rechts nach links kriechen. Hat sie einen Futterplatz entdeckt, der immer gut bestückt ist, führen ihre Wege aus allen erdenklichen Richtungen dort hin. Da die Blasenschnecke ohnehin eine sehr schnelle Schnecke ist, saust sie zu unserer Überraschung recht schnell durch ihr Terrain.

An der Wasseroberfläche befinden sich diverse Gelege an der Scheibe, geschützt durch Schwimmpflanzen.

Schlammschnecken
Lymnaeidae

Typisch sind die zur Basis hin verbreiterten Fühler der Schlammschnecken.

Fotos: C. Engelbogen

Die Familie der Schlammschnecken beinhaltet 26 Gattungen mit ihren Arten. Sie gehören zu den Lungenatmern und finden sich in unseren künstlich angelegten Gewässern und auch gelegentlich im Aquarium wieder und in unserer Natur.

Die Gattungen *Lymnaea, Radix* und *Stagnicola* sind für uns relevant. Ansonsten finden wir noch die Gattungen *Galba, Myxas* und *Omphiscola* im Freiland in Deutschland. Äußerlich leicht zu erkennen und typisch sind die dreieckigen Fühler, die zur Basis hin breiter werden.

Aus der Gattung *Lymnaea* ist für uns *Lymnaea stagnalis* interessant.

Zwei Arten der Gattung *Radix* sind häufig in der Aquaristik zu finden. *Radix balthica* wird besonders oft gepflegt. Insgesamt gibt es in Europa ca. 20 Arten. Die einzelnen Arten sind mitunter sehr schwer zu unterscheiden.

Um 2013 wurden zwei Arten umbenannt. Aus *Radix ovata* wurde *Radix balthica* und *Radix peregra* heißt jetzt *Radix labiata*, so sind es schon mal zwei Arten weniger.

Lymnaea stagnalis (Linnaeus, 1758)

Spitzschlammschnecke, Spitzhornschnecke

Verbreitung: europaweit, außer im Mittelmeerbereich. In Deutschland ist sie häufig anzutreffen, aber nicht in höheren Lagen Süddeutschlands.

Größe: 40 x 12 (bis 27) mm (H x B)

Lebenserwartung: Im Freiland 1,5 bis 2 Jahre, im Aquarium bis zu 4 Jahre

Aquariengröße: ab 30 Liter

Wassertemperatur: bis etwa 25 °C

Härte: von weich bis hart

pH-Wert: 6,0 bis 9,5

Futter im Freiland: Algen, abgestorbene Pflanzenteile oder die Kleine Wasserlinse (*Lemna minor*), aber auch gelegentlich tote Tiere

Futter im Aquarium: Algen (auch Blaualgen), Mulm, Fischfutter, abgestorbene Pflanzenteile, aber auch lebende zarte Wasserpflanzen. Die Verluste an Wasserpflanzen können durch Zufütterung mit *Spirulina*, überbrühtem Salat, sonstigem Gemüse (z.B. Kohlblätter, Zucchini, Gurke) oder auch Nudeln verringert werden

Aquarienabdeckung: ja

Sie besiedelt stehende und langsam fließende Gewässer und wird bis zu einer Wassertiefe von sechs Metern gefunden. Auch in kleineren Gewässern wie Fisch- und Gartenteichen sowie Bächen kommt sie vor und kann selbst kurzzeitige Austrocknung im Bodenschlamm überdauern. Stark vertreten ist sie in sehr verkrauteten, nährstoffreichen Gewässern.

L. stagnalis ist die größte unserer heimischen Süßwasserschnecken. Die ersten der bis zu 7,5 rechtsgewundenen (selten auch linksgewunden) Umgänge sind kaum gewölbt und spitz ausgezogen, die übrigen Umgänge sind bauchig. Die letzte Windung erwachsener Tiere ist deutlich erweitert. Das Verhältnis der Höhen von Gewinde zu Mündung ist je nach Umweltbedingungen variabel, jedoch ist das Gewinde meist etwas höher. Es soll auch Formen mit reduzierter Gewindehöhe geben, bei denen dieses Merkmal unabhängig von den Umweltbedingungen erbfest

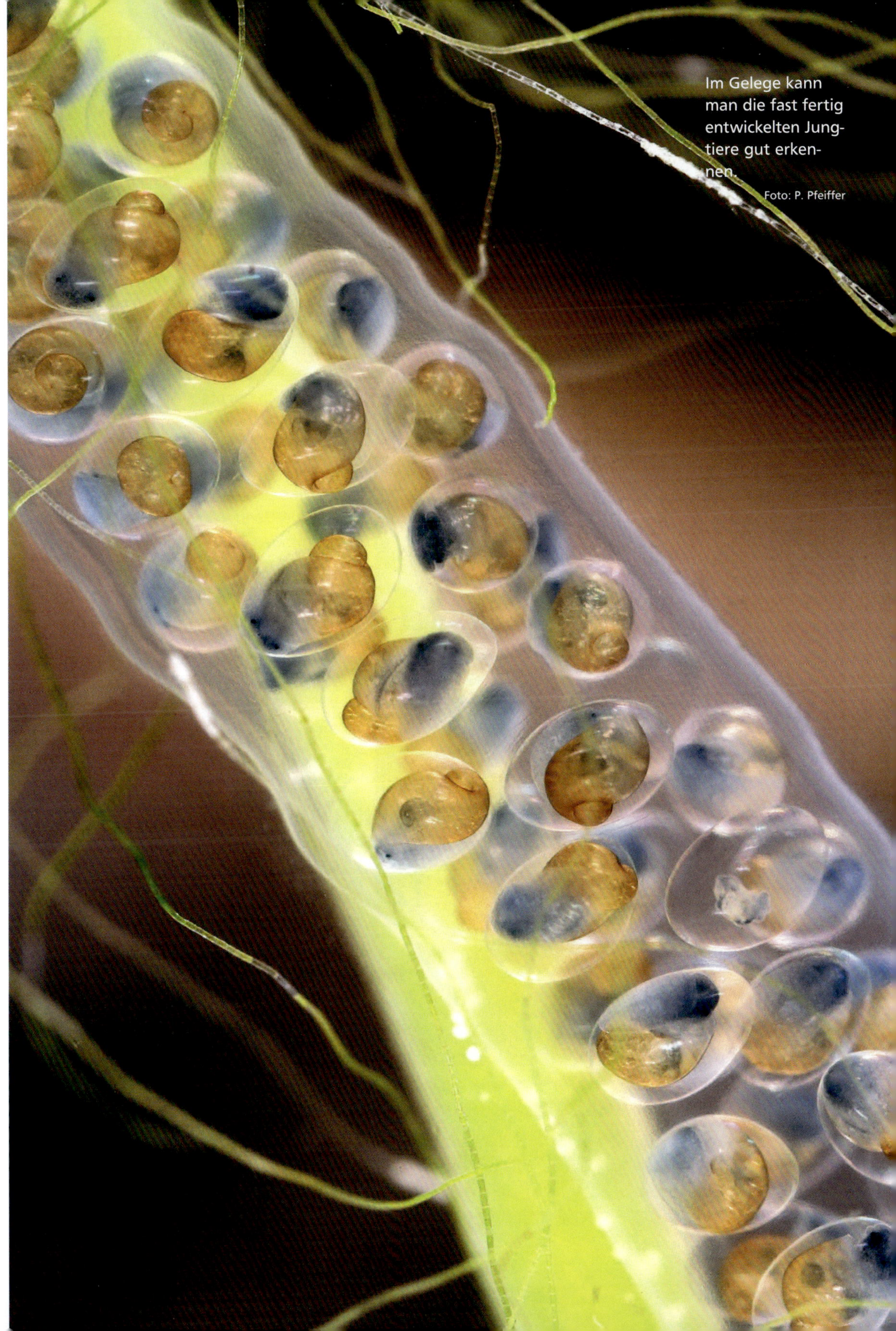

Im Gelege kann man die fast fertig entwickelten Jungtiere gut erkennen.

Foto: P. Pfeiffer

ist. Die Mündung ist unterschiedlich oval geformt. Der breite Mundsaum bildet an der Spindel eine kleine Falte, der Nabel ist geschlossen. Das Gehäuse ist durch Zuwachslinien fein gestreift, skulptiert und dabei oft wie gehämmert. Es ist hornfarben bis dunkelbraun, der letzte Umgang adulter Tiere oft weißlich. Im Gegensatz zur freien Natur ist das Haus der Aquarientiere dünn und durchscheinend. Die dreieckigen Fühler unterstützen die Hautatmung. Verhältnismäßig kleine Augen sitzen an Ausbuchtungen der vorderen Fühlerbasis.

Gerne werden auch die Häuser der Kollegen zum Ablaichen genutzt.

Der Körper ist grau oder braun, wobei die Kriechsohle heller pigmentiert ist. Die Körperoberseite ist, besonders an den Fühlern und im Kopfbereich, mit kleinen hellen Punkten übersät. Diese finden sich auch an den Rändern der Kriechsohle, die vorne breit-oval gerundet ist und nach hinten schmaler wird. Der kurze Kopf ist breiter als der Fuß und bei normaler Aktivität ist zu erkennen, dass die Sohle des Kopfes vorn leicht eingebuchtet ist. Beim Suchen nach festem Untergrund kann sie zwei Lappen zur Seite hin auseinander strecken. Hinter dem rechten Fühler befindet sich ein weniger pigmentierter Porus, aus dem der Penis hervorgestreckt werden kann. Die weibliche Geschlechtsöffnung befindet sich ebenfalls auf der rechten Körperseite, ist jedoch beim lebenden Tier durch das Gehäuse verdeckt. Vereinzelt sind auch echte Albinos sowie pigmentarme Tiere zu finden. Der hierfür verantwortliche Gendefekt wird gegenüber normalfarbigen Tieren rezessiv vererbt.

L. stagnalis ist eine ausgesprochen flexible Schnecke. Wir finden sie in Gewässern bei pH-Werten von 6 bis 9,5, in sehr weichem, aber auch leicht brackigem Wasser (sieben Prozent).

Im Handel werden im Frühjahr Wildfänge aus Osteuropa für den Besatz von Gartenteichen angeboten. Für die dauerhafte Haltung der Spitzschlammschnecke im Gartenteich sollte dieser über eine ausreichende Wassertiefe (bis einen Meter oder tiefer), eine Flachwasserzone, Bereiche mit weichem Substrat und reichlich Pflanzen verfügen. Eine Fütterung der Schnecken ist dann nicht erforderlich. Eine ausreichende Sauerstoffversorgung (besonders zur Überwinterung) kann mit Wasserpflanzen (Wasserpest, Hornblatt, Tausendblatt u.a.) gewährleistet werden. In strengen Wintern ist es sinnvoll, gelegentlich den Schnee vom Eis zu fegen. Eine künstliche Wasserumwälzung, Belüftung und Wasserfilterung ist für die Schnecken zu keiner Jahreszeit erforderlich. Auch in kleineren Teichen ist eine Vergesellschaftung mit kleinen Fischen wie Moderlieschen, Stichling oder Gründling gut möglich. Bei gemeinsamer Haltung mit größeren Cypriniden halten sich die Schnecken nur in einer großzügigen Flachwasserzone. Gegen Flusskrebse haben die Spitzschlammschnecken keine Überlebenschance. In geschützter Lage, beispielsweise an einer Hauswand, lassen sich Spitzschlammschnecken auch in einem Mörtelkübel (ab 200 l) dauerhaft halten. Die Wassertemperaturen sollten im Hochsommer in einem solchen Behältnis möglichst nicht 25 °C überschreiten (Halbschatten) und das Wasser im Winter nicht gefrieren. Um dem abzuhelfen, kann man den Kübel bis zur Oberkante in das Erdreich einlassen. Die Nähe zu einem (üblicherweise wenig gedämmten) Keller ist vorteilhaft. Weil die Jungtiere gern das Wasser verlassen, sollte der Kübel nicht randvoll, sondern bis fünf Zentimeter unter dem Rand gefüllt werden. Im Übrigen ist die Haltung im Mörtelkübel ähnlich der im Gartenteich.

Für die Haltung im Aquarium empfiehlt es sich, nicht zu viele Tiere in einem Becken zu halten. Bei einer Größe von 30 Litern reichen zwei Tiere. Wichtig ist das Vorhandensein von ausreichend Wasserpflanzen. Als Bodengrund empfiehlt sich Sand.

Eine Vergesellschaftung mit Zwerggarnelen, friedlichen Fischen wie Panzerwelsen oder anderen, pflanzenfressenden Kleinfischen ist im Aquarium unproblematisch. *L. stagnalis* frisst allerdings gerne Gelege anderer Schnecken.

Die zwittrig angelegte Spitzschlammschnecke befruchtet sich selbst. Nach zwei bis drei Monaten ist sie geschlechtsreif. In der Natur beginnt die Reproduktionsperiode von Ende April/Mai bis Anfang Oktober. Die Laichproduktion wird bei Temperaturen unter 13 °C eingestellt. Das als Weibchen fungierende Tier verharrt während der Paarung regungslos und passiv. Das bei der Paarung dem weiblich fungierenden Tier übergebene Sperma wird von diesem zunächst in einem besonderen Organ des Genitaltraktes, der Bursa copulatrix, zwischengespeichert. Erst dann wird durch in der Spermienmasse enthaltene Stoffe die Produktion von Eizellen angeregt (Horstmann 1955, Geraerts & al. 1994). Die eigentliche Befruchtung der gereiften Eizellen erfolgt anschließend in der Befruchtungstasche (Corpus pyriforme). Die bei der Paarung übergebenen und dann zwischengespeicherten Spermien konnten noch mehr als 100 Tage später zur Befruchtung von Eizellen verwendet werden (Cain 1956). Die gallertartigen Gelege sind meist gerade und bandförmig und werden besonders an die Schwimmblätter von Wasserpflanzen, aber auch andere Substrate geheftet. Die Embryonen der Spitzschlammschnecke werden in ihrer Entwicklung vom natürlichen UV-Licht nicht geschädigt. Je nach Alter und Größe der Schnecke kann ein Gelege bis 65 Millimeter lang sein und bis zu 300 Eier enthalten. Typisch für die Lymnaeidae ist die geschichtete, ziemlich dicke äußere Hülle des Geleges. Unmittelbar nach der Eiablage ist sie milchig-trüb und wird im Wasser schnell klar. Innerhalb dieser Hülle befinden sich die einzelnen Eier, die etwas unordentlich meist nebeneinander, teilweise auch übereinander im Laichstrang liegen. Durch mikroskopisch feine Schleimfäden sind sie in ihrer Lage fixiert. Die länglichen bis ovalen Eier besitzen eine

Im Weichwasseraquarium sind die Gehäuse sehr dünn.

Jungtier beim Abweiden der Aquarienscheibe.

doppelte Membran. Mit 1,3 Millimetern Länge und knapp einem Millimeter Breite sind die Eier (an der inneren Membran gemessen) mit Abstand die größten der Lymnaeidae. Die Embryonen können sich in den Gelegen bei Wassertemperaturen zwischen 9,9 und 28 °C entwickeln (Vaughn 1953). Schon in den ersten Stunden nehmen sie dabei über die Membranen erhebliche Mengen Ionen (u.a. Ca^{2+}, Na^{+}, K^{+}) aus dem Umgebungswasser auf. Die vom Elterntier mit der Eimasse bereitgestellten Reserven reichen zur Entwicklung der Jungtiere nicht aus (Taylor 1973, 1977). Vaughn beobachtete, dass aus durchschnittlich 94 Prozent der Eier auch Jungtiere schlüpfen. Die Entwicklungszeit variiert zwischen zehn Tagen und drei Wochen, abhängig von der Umgebungstemperatur. Die Sterblichkeitsrate der Geschlüpften liegt in der Natur bei 60 Prozent, im Aquarium bei 50 Prozent.

Gelege anderer Wasserschnecken werden verspeist und auch an Hydren vergreift sie sich. Gelegentlich hört man, dass Spitzschlammschnecken zur Bekämpfung von *Hydra* eingesetzt werden sollten. Ich habe allerdings beobachtet, wie Spitzschlammschnecken Stücke von Hydren abbeißen, ein Teil bleibt an der Scheibe, ein anderer fliegt davon und ein Stück wird gefressen. Dies ist eine gute Möglichkeit für die *Hydra*, sich zu vermehren.

Spitzschlammschnecken kommen etwa halbstündlich an die Wasseroberfläche, um den Luftvorrat in ihrer Mantelhöhle auszutauschen. Der Vorgang dauert etwa fünfzehn Sekunden (Lukowiak et al. 1996). Bei höheren Wassertemperaturen oder geringem Sauerstoffgehalt kommen sie häufiger an die Wasseroberfläche. Bei geringeren Temperaturen reicht ihnen die Atmung über die Haut und die dann mit Wasser gefüllte Mantelhöhle. In milden Wintern ist die Art weiterhin aktiv und manchmal sogar unter einer dünnen Eisdecke zu beobachten. In strengen Wintern kann *Lymnaea* auch im Sediment eingegraben ruhen und von ihren Reserven zehren. Jungtiere kriechen oft über die Wasseroberfläche hinaus. Auch adulte Tiere sind oft an der Wasseroberfläche hängend beim Fressen der Kahmhaut zu beobachten.

Die Art kann im Schlamm vergraben auch ein Austrocknen des Gewässers überdauern. Auch das „Ausfrieren“ abgelassener Fischteiche kann sie im Schlamm vergraben überstehen.

Im Aquarium sind die stets aktiven Tiere auf verschiedenen Substraten, sämtlichen Einrichtungsgegenständen, an der Wasseroberfläche und an Wasserpflanzen zu beobachten.

Neben anderen Wasserschnecken werden besonders auch die heimischen *Lymnaea*-Arten von verschiedenen Trematoden (Leberegel) als Zwischenwirt befallen (siehe Seite 181).

Radix labiata (Rossmaessler 1835) und *Radix balthica* (Linnaeus, 1758)

Schlammschnecken

Verbreitung: europaweit, außer im Mittelmeerbereich. In Deutschland ist sie häufig anzutreffen, aber nicht in höheren Lagen Süddeutschlands.

Größe: 11 bis 20 x 8 bis 14 mm (H x B)

Lebenserwartung: 1,5 Jahre

Aquariengröße: ab 5 Litern

Wassertemperatur: 0 bis 30 °C

Härte: von weich bis hart.

pH-Wert: 4,5 bis 8,0

Futter: Grün- und Blaualgen, Mulm, Trockenfutter

Aquarienabdeckung: ja

Die Gattung *Radix* ist untereinander sehr schwierig zu unterscheiden, für den Laien ist dies gar nicht möglich. *Radix labiata* kommt in stehenden oder langsam fließenden Gewässern vor, auch in Mooren und höheren Gebirgslagen. *Radix balthica* lebt in pflanzenreichen Teichen, in größeren Gewässern meist in Ufernähe, selbst bei Salzgehalten von 14 Prozent kommt sie noch vor. Sie ist die anpassungsfähigste unter den heimischen Süßwasserschnecken. Da sie ein wahrer Algenvernichtungsprofi ist und selbst Blaualgen vertilgt, macht ihr fast keine Schnecke Konkurrenz. Sofern das Aquarium nach ihren Bedürfnissen gut bepflanzt ist und sie Trockenstellen zum Begehen hat, steht einer Massenpopulation nichts mehr im Wege.

Radix balthica bei der Nahrungssuche auf Wasserpflanzen.

Radix balthica aus Weichwasserzucht mit Gehäuseschaden.

Die dreieckigen Fühler sind ein Erkennungszeichen der Schlammschnecken, hier bei *R. balthica*.

R. labiata besitzt 4,5 bis fünf Umgänge, die langsam und gleichmäßig anwachsen. Der Mündungsrand ist am oberen Ansatz scharf abgeknickt. Das Gehäuse ist hornfarben und braun, im vorderen helleren Drittel finden wir eine dunkle Musterung. Der Fuß ist gelb bis anthrazitgrau. Die Mantelpigmentierung ist fast weiß mit punktförmigen Aussparungen auf dunklem Grund, im vorderen Bereich ist der Mantel hell mit dunklen Zeichnungen.

R. balthica besitzt ebenso viele Umgänge, allerdings wachsen diese schnell und bauchig an und besitzen eine konvexe Seitenlinie. Die Mündung ist weit geschwungen mit abfallendem Mündungsrand. Die Farbe des Fußes ist gelblich, das Gehäuse hornfarben bis gelb. Die Mantelpigmentierung ist hell mit kreisförmigen Aussparungen auf schwarzem Grund, im vorderen Bereich hell mit dunkler Zeichnung.

Schlammschnecken können über die Haut atmen und so einen Teil ihres Sauerstoffbedarfes decken, ansonsten gehören auch sie zu den Lungenatmern. Die zur Basis hin verbreiterten Fühler (Dreiecksform) und die an der Basis befindlichen Augen sind typische Merkmale dieser Schnecke.

Sie lieben starke Bepflanzung und jede Menge Algen. Ich habe in verschiedenen Becken mit Schlammschnecken einen Abstand von drei bis zehn Zentimetern bis zur Abdeckung. Im Becken mit dem größeren Abstand ist noch nie eine Schnecke ganz herausgekrochen, während die Schnecken im anderen Aquarium regelmäßig daneben zu finden sind. Täglich erscheinen sie über der Wasseroberfläche, entweder um hängen gebliebenes Futter vom Glas zu entfernen oder um bei starker Population Neuland zu entdecken. Starke Strömungen gefallen ihnen nicht. Beide Arten haben sich bei mir als wenig

Links: *Radix labiata* hat meist ein dunkleres, leicht lila schimmerndes Haus.

Foto: C. Engelbogen

Rechts: *R. balthica* bei der Futtersuche auf Moos.

anspruchsvoll erwiesen. Eine Haltung ab fünf Litern ist gar kein Problem, die Größe des Gefäßes ist natürlich nach oben offen. Hohe Temperaturen mag sie nicht, im Sommer sollte das Aquarium gekühlt und belüftet werden.

Mit Fischbesatz kommt sie sehr gut zurecht, sofern sie eine Rückzugsmöglichkeit hat. Weniger gut klappt es mit der Spitzschlammschnecke (*Lymnaea stagnalis*), hier wurde ein Rückgang der Population beobachtet. Im Gesellschaftsbecken lebt und vermehrt sie sich gut. Legt man allerdings Wert auf Blasenschnecken, sollte man die *Radix* aussortieren, denn die Blasenschnecken haben in ruhigem Gewässer mit guter Bepflanzung keine Chance gegen sie. Sobald sich die Bedingungen aber ändern und eine starke Strömung vorherrscht, erweist sich die Blasenschnecke als durchsetzungsfähiger. Mit Posthorn-, Turmdeckelschnecken (*Melanoides tuberculatus*) und Zwerggarnelen ist sie gut zu halten.

Bei einer Massenpopulation der *Radix*-Arten zeigen sich Posthornschnecken (Planorbidae sp.), *Brotia*- und auch *Neritina*-Arten deutlich gestört. Die *Radix* kriecht in die Gehäuseöffnungen anderer Schnecken, was sie dort treibt, konnte noch nicht beobachtet werden. Aber man findet im Hauseingang von *Brotia pagodula* gelegentlich Teile von *Radix*-Gelegen.

Nach dem Erreichen der Geschlechtsreife verpaaren sich die zwittrig angelegten Schlammschnecken miteinander. Sie verfügen allerdings auch über die Möglichkeit der Selbstbefruchtung. Jede Schnecke hat sowohl ein männliches als auch ein weibliches Genital. Sie laicht gerne an hartem Substrat oder heftet ihre länglichen Laichstränge gerne an Blättern an (obenauf, allerdings nicht auf der Rückseite). Sie quellen in den ersten drei Tagen etwas auf, um nach weiteren drei Tagen zu schlüpfen. Je wärmer das Wasser, desto schneller geht auch hier die Gelegeentwicklung vonstatten. Je nach Größe des Laichstranges schlüpfen zwischen 20 und 30 Jungtiere, die sich innerhalb von vier Wochen zu fünf Millimeter großen, geschlechtsreifen Schnecken entwickeln, die sehr gut wachsen.

Wie auch die Physiden (Blasenschnecken) kann sie Wirt verschiedener Würmer sein.

Foto: efraimstochter, Pixabay

Tiere aus der Natur zeigen häufig Korrosionen und Algenbelag auf ihren Häusern.

Sumpf-, Flussdeckelschnecken Viviparidae

Die Familie der Sumpfdeckelschnecken ist weit verbreitet. Wir finden sie weltweit, mit Ausnahme von Südamerika und der Antarktis.

Sie leben im Süßwasser, haben einen Deckel und vermehren sich lebendgebärend. Die Gehäuse sind in ihren Umgängen konvex, relativ groß und dickwandig. Sie können mit einem Deckel (Operculum) verschlossen werden.

Zur Familie gehören drei Unterfamilien und ihre Gattungen. Die Viviparinae, mit der Gattung *Viviparus* (Nordamerika und Europa) und *Tulatoma* (Alabama). Die Gattung *Viviparus* setzt sich aus fünf Arten zusammen, die in mehrere Unterarten unterteilt werden. Die Vivipariden sind lebendgebärend und natürlich getrenntgeschlechtlich. Man kann die geschlechtsreifen Männchen deutlich an ihrem verdickten rechten Fühler erkennen, der als Begattungsorgan fungiert.

Weiter gehören zu dieser Familie die Campelominae, mit den Gattungen *Campeloma* und *Lioplax*, die Bellamynae mit den Gattungen *Angulyagra* (China und Südostasien), *Bellamya* (Afrika), *Cipangopaludina* (Ostasien, insbesondere Japan, Korea, China und Vietnam), *Filopaludina* (Südostasien und China), *Idiopoma* (Südostasien und China), *Larina* (Nordostaustralien), *Margarya* (China), *Notopala* (Ostaustralien), *Sinotaia* (China), *Taia* (Burma) und *Trochotaia* (Thailand).

Wir beschränken uns hier auf die wichtigsten Arten der Gattungen *Viviparus, Taia* und *Celetaia,* die häufig in unseren Aquarien anzutreffen sind.

Celetaia persculpta (Sarasin & Sarasin, 1898)

Turboschnecke

Kurz erwähnt, weil sie gelegentlich im Handel zu finden ist, sei noch *Celetaia persculpta*, die Turboschnecke aus dem Pososee in Sulawesi. Ihr beige bis braunes Haus ist 4,5 cm breit und zeigt auffällig starke Rippen. Die Oberfläche hat weiße Kalkablagerungen. Sie zeigt sich als nicht kompatibel für die Aquaristik. Zwar entlässt das weibliche der getrenntgeschlechtlich angelegten Tiere einige Junge. Diese werden aber im Aquarium nicht heranwachsen. Auch zeigt es sich, dass die Wildfänge nicht sehr alt werden. Meist pflegen wir sie nur wenige Wochen. Meine Tiere hatte ich elf Monate, dann war auch das letzte gestorben. Wir sollten vermeiden, sie zu kaufen!

Taia naticoides (THEOBALD, 1865) Pianoschnecke

Bei den Weibchen von *T. naticoides* sind beide Fühler gleich ausgeformt. Ist der rechte Fühler deutlich verdickt, haben wir ein Männchen. Ein Männchen mit zwei Weibchen einzusetzen wäre ein gutes Verhältnis.

Das Gehäuse besteht aus fünf bis sechs Umgängen und hat einen Deckel, der oval ist mit einer angedeuteten Spitze. Der Kern (Nukleolus) liegt außerhalb der Mitte und ist von mehreren Ringen umgeben. Auf dem beige bis olivfarbenen Gehäuse zeigen sich meist drei braune Streifen. Spiralförmig verlaufen drei bis fünf Linien, die mit Tuberkeln versehen sind. Die Naht zwischen den Umgängen ist deutlich zu erkennen.

Wie alle Viviparidae, ist sie getrenntgeschlechtlich und lebendgebärend. Die Größe der frisch entlassenen Jungtiere liegt zwischen zwei und vier Millimetern. Das Weibchen gebärt bei guten Bedingungen im Aquarium alle zehn bis 14 Tage ein Jungtier. Innerhalb von drei Monaten wuchs eines meiner Jungtiere zu einer Größe von sieben Millimetern heran. *T. naticoides* ist sehr gut in den handelsüblichen Nanoaquarien zu halten, braucht allerdings einen häufigeren Wasserwechsel mit weniger Volumen. Auf Nahrungskonkurrenz die filtriert, sollte verzichtet werden, vor allem in einem kleinen Aquarium.

Wichtig ist das tägliche Füttern mit Staubfutter. Wasserpflanzen lässt sie in Ruhe, frisst aber gerne Wasserlinsen (*Lemna minor*). Positiv hat sich das Ein-

Verbreitung: Inle-See in Myanmar

Größe: 30 bis 35 mm

Lebenserwartung: etwa 4 Jahre

Aquariengröße: ab 15 Liter

Wassertemperatur: 15 bis 30 °C

Härte: von weich bis mittelhart

pH-Wert: 6,5 bis 8,0

Futter: Detritus und Bakterien, verweste Pflanzenteile, Wasserlinsen (*Lemna minor*), Algen und vermutlich Plankton. Jede Sorte zerstoßener Futtertabletten sowie Mückenlarven, Gurke und Spinat. Gerne auch Schildkrötenfutter Calcil

Aquarienabdeckung: nein

Der Fühler dient bei den Männchen als Geschlechtsorgan, er ist deutlich als verdickt zu erkennen.

Rechts und links sieht man die Teile des Mantels, in die das Wasser ein- und ausströmt.

Taia-naticoides-Nachzuchten haben häufig ein glatteres Haus als ihre Wildfang-Eltern.

bringen von Heilerde (Lehm) gezeigt, die auch gemischt mit Sand als Bodengrund verwendet wird. Auf Kies sollte verzichtet werden.

Ich halte *T. naticoides* erfolgreich in pflanzenreichen, techniklosen Aquarien bei Zimmertemperatur, nur mit ein bis zwei großen Kieseln und Holz ohne weiteren Besatz.

Mit friedlichen Fischen und Schnecken wie *Melanoides tuberculatus*, *Mieniplotia scabra* oder *Tarebia granifera* gibt es keine Probleme. In entsprechend großen Aquarien ab 120 Liter kann *Taia naticoides* mit unaufdringlichen Panzerwelsen und kleinen, friedlichen Fischen vergesellschaftet werden. In kleinen Aquarien kommt sie allerdings besser zur Geltung.

Viviparus acerosus acerosus (Bourguinat, 1862)

Donau-Flussdeckelschnecke

Verbreitung: Einzugsgebiet der Donau in Österreich, Tschechien, der Slowakei, Ungarn, Kroatien, Bosnien-Herzegowina, Serbien, Bulgarien, Rumänien und in der Ukraine. In Deutschland bisher nur unterhalb der Geislinger Staustufe

Größe: 57 x 40 mm (H x B)

Lebenserwartung: 4 bis 10 Jahre

Aquariengröße: mind. 60 cm Kantenlänge

Wassertemperatur: 10 bis 28 °C

Härte: von weich bis hart

pH-Wert: 6,8 bis 8,6

Futter: gebrühter Spinat oder anderes Gemüse, Bodenfuttertabletten mit pflanzlichem Anteil, *Spirulina*- und Grünfuttertabletten. Reichlich Mulm und Algen sowie kein Staubfutter mit Spirulinaanteil im Wasser erleichtern die Eingewöhnung im Aquarium. Im ungefilterten Teich oder im Mörtelkübel ist die Ernährung (bei wenig Nahrungskonkurrenz) unproblematisch.

Aquarienabdeckung: nein

V. acerosus werden im Frühjahr in den Baumärkten gerne als Teichschnecken angeboten.

Das rechtsgewundene Haus besitzt bis zu sieben Umgänge, die durch eine tiefe Naht voneinander abgegrenzt sind. Der Apex ist spitz, die Umgänge sind bauchig. Der Nabel ist eng und bis gut zur Hälfte bedeckt. Die helle Mündung ist oval und nach oben leicht zugespitzt, dementsprechend sieht das Operculum aus. Der Nukleolus liegt mittig und ist von konzentrischen Ringen umgeben. Auf dem Haus finden wir feine Zuwachslinien und spiralförmig angeordnete Skulptierungen, die zusammen eine feine Gitterstruktur ergeben. Wachstumsringe sollten erkennbar sein, vor allem, wenn es deutliche Temperaturunterschiede gibt. Das Gehäuse ist gelbgrau bis gelbgrün gefärbt mit drei unterschiedlich stark ausgeprägten rotbraunen Bändern.

Der Fuß ist breit und vorn leicht gebogen, die Fühler sind lang und borstenförmig, wobei der rechte Fühler beim Männchen verdickt ist.

Hinter den Fühlern befindet sich je ein Lappen. Der linke regelt die Wasserzufuhr zu den Kiemen, am rechten sitzen das Ausström-Sipho und die Nahrungsrinne. Körper und Fuß adulter Tiere sind mittelgrau mit leuchtend weiß bis gelben Punkten. Bei den Jungtieren ist die Färbung hellgrau mit weißen Punkten.

Im Aquarium empfiehlt es sich, ein gut eingefahrenes Becken ohne Filter zu ver-

Bei den weiblichen Viviparиden sind beide Fühler gleich ausgeprägt.

wenden. Der Bodengrund sollte aus Sand und Lehm bestehen, Holz und Steine sowie genügend Mulmecken sind empfehlenswert. Im Handel angebotene Wildfänge können beim Einsetzen in ein Aquarium Schwierigkeiten bekommen, was vermutlich auf das Nahrungsangebot zurückzuführen ist. Da sie zu den Filtrierern gehören, nimmt der Filter ihnen die Grundlage für einen Teil ihrer Ernährung.

Die Schnecken können mit Zwerggarnelen oder mit anderen Viviparиden vergesellschaftet werden, aber nicht mit Schneckenfressern oder anderen sehr lebhaften Tieren. Ein Männchen auf zwei bis drei Weibchen wäre empfehlenswert.

Die Fortpflanzung ist identisch mit *Viviparus viviparus*. Im Aquarium wurde mehrfach beobachtet, dass paarungsbereite Weibchen nach einer mehrstündigen Ruhepause an der Aquarienscheibe oder auf Steinen kriechen. Möglicherweise geben sie dann Botenstoffe in das Wasser ab, da schon wenig später die ersten Männchen mit ausgestreckten rechten Fühlern herbei eilen. Vor dem Entlassen der Jungtiere gräbt sich das Weibchen für eine Ruhephase von ein bis drei Tagen vorübergehend ein.

Die Donau-Flussdeckelschnecke wird auf der Roten Liste in Deutschland und Österreich als stark gefährdet, in Tschechien und der Slowakei als gefährdet und in Rumänien als potenziell gefährdet geführt.

Bei den im Handel als Teichschnecken angebotenen Sumpf- und Flussdeckelschnecken handelt es sich um Wildfänge aus Osteuropa. Oft sind es aber nicht *V. acerosus*, sondern fälschlicherweise wird *V. contectus* verkauft.

Es ist leider fraglich, ob die Bestände in Osteuropa nachhaltig gepflegt werden, oder ob wir mit unserem Kauf nicht dafür sorgen, dass die Populationen noch mehr dezimiert oder gar eliminiert werden.

Eine Dreikantmuschel sitzt fest auf der Viviparide, sie stellt eine ernstzunehmende Nahrungskonkurrenz dar.

Viviparus contectus (Millet, 1813)

Spitze Sumpfdeckelschnecke

Verbreitung: Dänemark, Belgien, Österreich, Baltikum, Polen, Tschechien, Slowakei und Ungarn. Im norddeutschen Hügelland, der Rheinischen Tiefebene, entlang des Rheins bis Karlsruhe

Größe: 47 x 35 mm (H x B)

Lebenserwartung: 4 bis 10 Jahre

Aquariengröße: ab 80 Liter

Wassertemperatur: 10 bis 28 °C

Härte: von weich bis hart

pH-Wert: 6,0 bis 8,5

Futter: darf gerne einen Anteil von tierischem Eiweiß haben, gelegentlich auch Gemüse

Aquarienabdeckung: nein

Das Haus hat 6,5 bis sieben Umgänge, die in Stufen voneinander abgesetzt sind, und ist rechtsgewunden. Der Apex ist spitz, was bei Berührung spürbar ist. Der Nabel von *V. contectus* ist auch eng und bei direkter Betrachtung des Gehäuses von unten gerade einsehbar, d.h. nicht vom Mündungsrand verdeckt. Die Mündung und das Operculum sind oval und oben weniger zugespitzt als bei *Viviparus viviparus*. Das Operculum hat einen außerhalb der Mitte liegenden Kern und weist darum liegende Wachstumsringe auf. Die Oberfläche ist durch feine Zuwachslinien strukturiert und man kann deutlich die Jahresringe sehen.

Das Haus kann grünbraun bis fast schwarz gefärbt sein und besitzt drei unterschiedlich stark ausgeprägte rotbraune

Viviparidennicht sind nur Filtrierer, sondern auch Weidegänger – immer unterwegs auf Nahrungssuche.

Bänder. Gelegentlich kommen auch gelbliche oder bänderlose Formen vor, ebenso wie Tiere mit außergewöhnlich breiter Bänderung, deren Gehäuse dadurch fast schwarz wirkt. Aus kalkarmen Gewässern sind grünliche Kümmerformen bekannt, aus sauren Moortümpeln fast schwarze mit kaum erkennbarer Bänderung.

Die Augen sitzen an der Basis der Fühler auf kurzen Zapfen. Seitlich hinter den Fühlern ragt je ein Lappen hervor. Der linke dient der Wasserzufuhr zu den Kiemen, am rechten Lappen sitzen das Ausström-Sipho und die Nahrungsrinne.

Körper und Fuß der Tiere sind dunkelbraun gefärbt, mit orangefarbenen oder goldgelben Punkten. Auch teilalbinotische Tiere kommen vor, deren Grundfarbe orange-rosa ist.

In der Natur finden wir die Sumpfdeckelschnecke in besonnten und reichlich verkrauteten Tümpeln, Wiesengräben, Teichen, Seen, Kanälen und Altwässern ohne oder mit nur geringer Strömung. Bevorzugt kommt sie auf Schlamm- und Sandsubstrat vor. Im Winter graben sie sich im Bodengrund ein und verharren dort bis zur wärmeren Jahreszeit. Ist zu wenig Futter vorhanden, ist es auch möglich, dass sie sich in den Bodengrund zurückziehen und dort auf bessere Zeiten warten. Ansonsten leben sie auf dem Bodensubstrat und klettern selten in luftige Höhen. Im Aquarium sehen wir sie deshalb meist auf dem Bodengrund auf eingebrachten Wurzeln und Steinen und nur gelegentlich im Bodengrund eingegraben.

Jungtiere dagegen erkunden das komplette Aquarium, eine Abdeckung ist aber unnötig, da sie das Becken nicht verlassen. Häufig sieht man die Kleinen auch auf den Wasserpflanzen, die aber nicht beschädigt oder gefressen werden.

Mit filtrierender Nahrungskonkurrenz sollte man sie allenfalls bei häufiger und reichlicher Fütterung vergesellschaften, auf Muscheln muss verzichtet werden. Am besten hält man sie in einem Artaquarium. Ansonsten spielen sie in der Aquaristik eine untergeordnete Rolle.

Algenbeläge kommen bei Wildfängen häufig vor.

Viviparus viviparus (Linnaeus, 1758)

Stumpfe Flussdeckelschnecke

Verbreitung: Mittel- und Osteuropa bis zum Ural. Weniger häufig in Portugal, Großbritannien, Frankreich, Norditalien. In Deutschland im norddeutschen Hügelland, in der Rheinischen Tiefebene und im Unterlauf des Mains

Größe: bis 40 mm Länge

Lebenserwartung: 4 bis 10 Jahre

Aquariengröße: ab 80 Liter

Härte: von weich bis hart

pH-Wert: 6,8 bis 8,6

Futter: Algenaufwuchs, Detritus, Bakterien, Plankton. Pflanzen werden nicht gefressen

Aquarienabdeckung: nein

Das rechtsgewundene Haus besitzt 5,5 bis sechs Umgänge, die leicht voneinander abgesetzt und durch eine deutliche Naht getrennt sind. Wie der Name sagt, ist die Spitze stumpf. Der Nabel ist eng und fast geschlossen, er ist bei der Draufsicht durch den Mündungsrand verdeckt. Die Mündung ist hell und oval, das Operculum ist nach oben etwas zugespitzter als bei *Viviparus contectus*.

Ihre Oberfläche ist durch Zuwachslinien fein strukturiert. Bei Wachstumsunterbrechungen, insbesondere im Winter, entsteht ein deutlicher Jahresring. Die Wachstumsringe des hornigen Deckels sind konzentrisch um den mittigen Nukleolus angeordnet. Das Gehäuse ist grau, gelb oder grünbraun gefärbt mit drei unterschiedlich stark ausgeprägten rotbraunen Bändern. Der breite Fuß des Tieres ist vorn flach und bogig gerundet sowie von einer Drüsenrinne gesäumt. Hinten ist er etwas schmaler gerundet. Die Fühler sind lang und borstenförmig, wobei der rechte Fühler des Männchens auch als Kopulationsorgan dient und deutlich verdickt ist. Die Augen sitzen auf kurzen Zapfen an der Basis der Fühler. Seitlich hinter den Füh-

Ausnahmen bestätigen die Regel, verdickter linker Fühler eines Männchens.

Foto: C. Lukhaup

lern ragt je ein Lappen hervor. Der linke dient der Wasserzufuhr zu den Kiemen, am rechten sitzen das Ausström-Sipho und die Nahrungsrinne. Körper und Fuß der Tiere sind dunkelbraun gefärbt mit orangefarbenen oder goldgelben Punkten. Das Männchen bleibt meist etwas kleiner als das Weibchen.

Die stumpfe Flussdeckelschnecke hat eigentlich in unseren Aquarien nichts zu suchen, sollte sie sich trotzdem hierher verirren, wäre es sinnvoll, sie in einem Kaltwasseraquarium mit jahreszeitlich schwankenden Temperaturen und genügend Futter zu halten. Da sich die Tiere gern für Ruhephasen eingraben, sollte zumindest in Teilbereichen feiner sandiger Bodengrund eingebracht werden, für die anderen Bereiche ist auch feiner bis grober Kies in Ordnung. Holz, Wurzeln sowie einzelne Steine und reichlich Wasserpflanzen sollten mit zur Einrichtung gehören.

Um gerade auch in den Sommermonaten eine ausreichende Sauerstoffversorgung zu gewährleisten, ist eine Belüftung des Aquariums unbedingt erforderlich. Auch bei der Außenhaltung in Kübeln ist im Sommer eine Belüftung zu empfehlen. Das Gefäß sollte gut eingefahren sein, damit man auf eine Filterung verzichten kann.

Viviparus erträgt einen Salzgehalt bis drei Prozent. Eutrophe Gewässer mit zu vielen Nährstoffen werden toleriert, sofern der Sauerstoffgehalt ganzjährig ausreichend ist.

Bei der Haltung mehrerer Tiere sollte man darauf achten, dass die Männchen nicht in der Überzahl sind, damit das Weibchen nicht gestresst wird. Die Tiere können unbedenklich mit anderen Schnecken vergesellschaftet werden. Zusammen mit Apfelschnecken scheinen Jungtiere allerdings keine Chance zu haben. Auf Krebse, Barsche und Schneckenfresser sollte verzichtet werden, auch sollte die Art nicht mit Muscheln, wie der Dreikantmuschel (*Dreissena polymorpha*) vergesellschaftet werden, da diese durch ihre ebenfalls filtrierende Ernährungsweise eine Nahrungskonkurrenz darstellt und sich sogar gerne auf das Haus der Viviparidae setzt.

In der Natur ist zu beobachten, dass besonders die Weibchen im Frühjahr aus tieferen Zonen in die wärmeren Flachwasserzonen wandern und dann den Sommer über stellenweise in hoher Dichte zusammen leben. Paarungen finden während der gesamten Aktivitätsperiode zwischen März und November statt. Das Männchen kriecht zur Paarung auf die rechte Gehäuseseite des Weibchens und führt seinen, aus dem rechten Fühler weit ausgefahrenen Penis in die Vagina des Weibchens ein.

Je nach Größe des Weibchens entwickeln sich im Uterus der Weibchen etwa zehn bis 24 (max. sogar 80) Eikapseln. Weibchen mit Embryonen können in der Natur zu allen Jahreszeiten, auch im Winter, gefunden werden, wobei die Anzahl dann nur etwa ein Zehntel dessen beträgt, was im Sommer der Fall ist. Während der Winterruhe verläuft die Entwicklung stark verlangsamt weiter, sodass auch im Winter noch einzelne Jungtiere geboren werden, die meisten Geburten finden aber zwischen Juni und August statt. Sie haben dann bereits einen Gehäusedurchmesser von fünf bis zehn Millimetern. Die Gehäuse besitzen wenige winzige Härchen, die sich beim Heranwachsen verlieren. Erwachsene Tiere leben fast ausschließlich auf dem Boden, Jungtiere erklettern auch Wasserpflanzen oder Aquarienscheiben und andere Gegenstände.

In der Natur überleben sie den Winter, indem sie sich im Bodensubstrat eingraben und von ihren Reserven zehren.

Sie wird in Deutschland auf der Roten Liste als stark gefährdet geführt. Ursache dafür sind wasserbauliche Maßnahmen sowie die allgemein schlechte Gewässergüte. *V. viviparus* wird gerne von Trematoden befallen.

Foto: domeckopol, Pixabay

Foto: Vlynn, Pixabay

Paludomus lorica-tus mit sichtbarem Operculum, mit dem sie ihr Haus verschließen kann.

Paludomidae

Für die Aquaristik unbedeutend sind die Gattungen *Lavigera*, *Potadomoides* und *Tanganycia* aus Afrika. Aus Asien kommen die Gattungen *Tiphobia* sowie die für die Aquaristik interessante Gattung *Paludomus*.

In der Gattung *Paludomus* finden wir 30 Untergattungen und 34 Arten. Einmal die *Paludomus loricatus*, auch Marmorschnecke genannt, mit ihrem deutlich skulptierten Haus und die *Paludomus sulcatus* mit glatterem Haus, die auch als Bellaschnecke bezeichnet wird.

In der Schrift Toa Dum Forest, Saiyok District, Kanchanaburi Province, Saiyok Nationalpark wurden Untersuchungen angestellt über die Schneckenpopulationen dieses Gebietes. Hier gibt es Kalksteinberge, die mit dichtem Wald bedeckt sind und in denen zahlreiche Bäche fließen. Die Wassertemperatur lag zwischen 20 und 22 °C und hatte einen Sauerstoffanteil von 7,9 bis 8,9 mg/l. Meist wurde in diesen Bächen als einzige Schneckengattung *Paludomus* gefunden. In ihrem Magen fand man hauptsächlich Diatomeen. Die von Starmühlner gefundenen *Paludomus loricatus* leben nach seiner Aussage in den Bergbächen der indopazifischen Inseln zwischen Steinen. *Paludomus* wird hauptsächlich aus Sri Lanka importiert, ist aber auch in anderen Regionen Asiens zu finden.

Paludomus sulcatus Reeve, 1847 Bellaschnecke

Leider wird die ausgewachsene Wildfang-Bellaschnecke in unseren Aquarien nicht alt, meistens liest man, dass die Schnecken nach wenigen Wochen eingehen.

Das Haus hat keine so auffallende Struktur wie das von *P. loricatus*, seine Farbe variiert von dunkelbraun bis schwarz mit Flecken. Ihr Körper ist samtig schwarz mit orangeroten Mantelfalten und orangefarbenen Augen, die unter den kurzen Fühlern sitzen. Auch an der Fußsohle und am Maul sieht man diese Flecken. Der Deckel hat eine weißliche Mündung.

Verbreitung: Indien und Sri Lanka, in schnell und langsam fließenden Bächen

Größe: 30 x 35 mm (H x B)

Lebenserwartung: mindestens 5 Jahre

Aquariengröße: ab 20 Liter

Wassertemperatur: 20 bis 28 °C

Härte: weich bis mittel

pH-Wert: 5,0 bis 7,5

Futter: Walnussblätter kurz blanchiert, Kürbischips und Novofect von JBL nimmt sie sofort an. Auch Spirulinapulver kann gefüttert werden, bei anderen Futtersorten dauert es einige Zeit, bevor sie sie probieren

Aquarienabdeckung: nein

Nur von wenigen Haltern werden sie über mehrere Monate gepflegt, hat man Glück und sie reproduzieren sich, kann man die Jungtiere aufziehen. Nachzuchten kommen in unseren Aquarien besser zurecht.

Am besten hält man sie in einem Artenbecken mit hohem Sauerstoffgehalt oder nur mit Arten aus der gleichen Gattung zusammen. Das Aquarium sollte auch nicht zu groß und der Bodengrund nicht zu hoch sein und eine Lehmecke besitzen. Wir sollten ihr Steine und Holzaufbauten zum Umherkriechen bieten.

Auch sie ist getrenntgeschlechtlich angelegt, will man versuchen, sie zu vermehren, sollte man eine Gruppe von fünf bis zehn Tieren halten, damit gewährleistet ist, dass beide Geschlechter vertreten sind.

P. sulcatus kommen als Wildfänge zu uns und sind schwer zu akklimatisieren.

Deutlich stark skulpiertes Haus der adulten *P. loricatus*.

Foto: C. Lukhaup

Paludomus loricatus Reeve, 1847

Marmorschnecke, Bellaschnecke

Verbreitung: Indien (Assam und Arunachal Pradesh) und Sri Lanka

Größe: 25-30 x 26 mm (H x B)

Lebenserwartung: keine gesicherten Erkenntnisse, vermutlich mehrere Jahre

Aquariengröße: ab 20 Liter

Wassertemperatur: 20 bis 28 °C

Härte: von weich bis mittel

pH-Wert: 6,0 bis 7,5

Futter: Futtertabletten und -flocken, *Spirulina* und *Chlorella* sowie Maulbeer-, Walnuss- und Topinamburblätter und getrockneter Kürbis. Wasserpflanzen schädigt sie nicht

Aquarienabdeckung: nein

Ihre Fundstellen sind langsam fließende Bäche, die meist einen niedrigen pH-Wert aufweisen. Die Population in Indien ist gefährdet durch Abholzung und den Bau von Wasserkraftwerken. Sie leben auf steinigem Grund an langsam fließenden und schattigen Flüssen. Die adulten Wildfänge leben sich schlecht in unseren Aquarien ein.

Ihr breites, kegelförmiges Haus kann hasel- bis dunkelbraun oder fast schwarz mit fleckigem Muster sein. Auffällig sind die ausgeprägten Spiralrippen mit ihrer regelmäßigen Knotenbildung. Die helle Mündung ist oval, das konzentrische Operculum hat einen mittig liegenden Nukleolus. Ihr Körper ist samtschwarz mit schönen hellrot bis orangefarbenen Punkten am Mantelsaum. Die kurzen und gedrungenen Fühler laufen spitz zu.

Bilder 1-4: *P.-loricatus*-Nachzuchten sind leider selten. Man sollte ihnen Walnussblätter, *Spirulina* und Kürbischips als Nahrung – in einem nicht wirklich sauberen Aquarium – anbieten.

Aus ihrem Fundort folgern wir, dass sie weiches Wasser mit einem hohen Sauerstoffgehalt bevorzugt. Es hat sich gezeigt, dass sie Sand- und Lehmgrund mit mäßiger Bepflanzung und etwas Holz dem harten Substrat vorzieht.

Gerne gräbt sie sich zur Hälfte ein und verharrt dort auch. Laub nutzt sie sowohl zum Schutz als auch zur Nahrung. Auf häufigen Wasserwechsel reagiert sie mit höherer Agilität.

Lange wusste niemand etwas über ihre Reproduktion. Die Tiere sind getrenntgeschlechtlich, das Weibchen verfügt nicht über einen Brutbeutel, sondern legt Eier vermutlich im Bodengrund oder an hartes Substrat.

Eine Aquarianerin konnte nun endlich ein Jungtier sichten (Wasserwerte: pH 6-6,2, Leitwert ca. 280-300 ms, Temperatur etwa 24,5 °C, wöchentlicher Wasserwechsel von 60 Prozent, Vergleichswert 25 Grad, Leitwert 250). Ein anderer Aquarianer hat sie inzwischen erfolgreich vermehrt und sie entwickeln sich prächtig. Mit einer Größe von 0,5 mm bei der ersten Sichtung, haben sie nach sechs Monaten eine Größe von erst 9 mm erreicht. Das langsame Wachstum lässt die Vermutung zu, dass sie erst mit ca. 2,5 Jahren geschlechtsreif sein werden.

Mit Schnecken der gleichen Gattung, Zwerggarnelen und nicht aufdringlichen Fischen kommt sie gut zurecht. Bei Störenfrieden zieht sie sich zurück und klappt ihren Deckel zu, deswegen ist sie für ein typisches Gesellschaftsaquarium nicht geeignet.

Mit Unterbrechungen wurde *Paludomus loricatus* schon seit 2006 importiert. Wir müssen uns aber die Frage stellen, ob es richtig ist, eine Schnecke zu halten, die in ihrem Habitat gefährdet ist und deren Vermehrung problematisch ist. Hier wäre der Kauf von Nachzuchten in Betracht zu ziehen.

3
4

Auch im Pflanzenaquarium können Schnecken gehalten werden, hier Blasen- und Posthornschnecken.
Foto: C. Engelbogen

Aquarium und Zubehör

Farne und Anubien sind nicht sehr lichtbedürftig und auch mit ihnen kann man ein Aquarium schön gestalten.

Foto: D. Gröbel

Auf dem Markt gibt es viele verschiedene Angebote an kompletten Aquarien, die mit Beleuchtung, Filter und Heizstab ausgerüstet sind. Kleine Aquarien bis 120 Liter Inhalt werden meist mit einem Innenfilter angeboten, der mit Saugnäpfen an der Aquarienscheibe befestigt wird. Im Filter befindet sich eine Pumpe, die das Wasser durch den Filter leitet. Hier sammeln sich Bakterien, die von den Abfallprodukten im Aquarium leben. Der Filter muss ständig laufen, damit diese wichtigen Bakterien nicht absterben. Das Filtermaterial wird, wenn der Wasserdurchsatz deutlich sinkt, mit lauwarmem Wasser (ohne Reinigungsmittel) ausgespült –

aber nur soweit, dass ausreichend Bakterien im Filter verbleiben.

Die Beleuchtung eines Komplettaquariums reicht meist für anspruchslose, nicht lichthungrige Pflanzen aus und sollte nicht länger als zwölf Stunden täglich eingeschaltet sein (Zeitschaltuhr). Die Leuchtmittel sollten nach spätestens zwölf Monaten ausgetauscht werden.

Der mitgelieferte Regelheizer wird auf die gewünschte Temperatur eingestellt und regelt sich dann automatisch. Der Heizstab wird so angebracht, dass er in der Strömung des Wassers hängt. Kommen unsere Pfleglinge mit Zimmertemperatur aus, können wir auf die zusätzliche Heizung verzichten.

Einiges an Zubehör benötigen wir speziell für unser Aquarium, es sollte zu keinem anderen Zweck verwendet werden: Eimer und Schlauch zum Wasserwechsel; eine Schere, um die Pflanzen zu schneiden; einen Kescher, um Pflanzenteile oder Insassen herauszuholen.

Der Standort des Aquariums sollte nicht in der prallen Sonne liegen, damit die Temperaturen im Sommer nicht zu hoch steigen.

Als Bodengrund empfehlen sich Sand, feiner Kies oder andere natürliche Materialien. Steine ohne scharfe Kanten, Hölzer oder Blattwerk sind Plastikeinrichtungen vorzuziehen, denn Schnecken raspeln auf jedem möglichen Material herum, was nicht immer positiv für ihre Gesundheit ist.

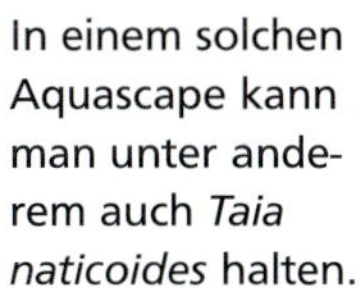

In einem solchen Aquascape kann man unter anderem auch *Taia naticoides* halten.

Die Auswahl der Pflanzen ist abhängig vom Besatz, dazu finden Sie bei jeder Artbeschreibung in diesem Buch Hinweise. Wasserpflanzen werden grundsätzlich mit Schneckengift behandelt, deswegen ist es ratsam, diese mehrere Tage zu wässern oder das neu eingerichtete Aquarium erst einmal mehrere Wochen (ca. zwölf Wochen) ohne Tiere stehen zu lassen, regelmäßig das Wasser zu wechseln und abgestorbene Pflanzenteile zu entfernen.

Wichtig ist es, alle Einrichtungsgegenstände so zu wählen, dass sich eine Wasserschnecke nicht darin verklemmen kann.

Steinaufbauten sollten so gerichtet werden, dass Schnecken sich nicht verklemmen können.

Foto: fefufoto, Fotolia

Einkauf und Transport

Wir finden Wasserschnecken verschiedener Arten im Aquaristikhandel, auf Börsen, Messen und im Internet. Am besten ist es natürlich, die gewünschten Tiere vor dem Kauf gründlich im Verkaufsbecken beobachten zu können. Sie sollten aktiv sein, das heißt umherkriechen, nicht lange auf einer Stelle sitzen und nicht von anderen Tiere im Becken belästigt oder angeknabbert werden. Das Haus sollte nicht beschädigt sein und keine Risse aufweisen.

Das Herausnehmen der Tiere sollte sehr vorsichtig geschehen, sie dürfen nicht einfach abgerissen werden, da dies zu tödlichen Verletzungen führen kann, wenn das Band zwischen Haus und Körper reißt.

Oftmals finden wir im Handel Schnecken mit ungewöhnlicher Gehäusefarbe, nämlich einem strahlenden Weiß. Es handelt sich meist um eine unbekannte Sumpfdeckelschnecke, die „Ghostpiano" genannt wird. Anfangs kam niemand, auch kein Händler, auf die Idee, dass mit diesen Tieren, die sehr empfindlich waren und deren Nachkommen nicht sonderlich stabil erschienen, etwas nicht stimmte. Nach vielen Untersuchungen war dann klar, diesen Schneckenhäusern fehlte die oberste Kalkschicht, d.h. diese Schicht wurde mechanisch durch Schleifen entfernt, was zu dem attraktiven Weiß führte.

Abgeschliffene Viviparide, ein No-Go für das Tier.

Durch diese Prozedur leiden die Tiere sehr und auch die Jungtiere, die in der Mutter heranwachsen, werden geschädigt und geschwächt entlassen. Deshalb: Augen auf beim Schneckenkauf und solche Exemplare nicht kaufen!

Der Transport

Der Transport erfolgt am besten in einem stabilen hartwandigen Behälter mit einigen kleinen Luftlöchern. Ausgelegt wird das Behältnis mit feuchtem Material wie Filtermaterial, Zellstoff oder Wasserpflanzenresten. Wichtig ist, dass sie fest sitzen und nicht hin und her kullern können. Beim Transport im Wasserbeutel ist die Gefahr der Beschädigung weitaus höher.

Versand und Transport in Hartplastikgefäßen mit feuchten Wasserpflanzen.

Schnecken müssen mit Wasserpflanzen gut umhüllt werden, damit sie nicht hin- und herrollen.

Schnecken per Post versenden

Der Versand von lebenden Tieren sollte generell nur bei moderaten Temperaturen vorgenommen werden. Versenden wir Lebewesen im Sommer z.B. bei Außentemperaturen von etwa 30 °C, ist dies oft schon ein Todesurteil.

Die Tiere werden per Päckchen, Paket oder Maxibrief stoßsicher verpackt zum Transporteur gebracht. Bis dahin gibt es noch kein Problem. Bei der Auslieferung mit PKW oder Transportern steigen allerdings die Temperaturen im Lauf des Tages leicht bis auf 50 °C im Stauraum an. Sind die Tiere diesen Temperaturen über mehrere Stunden ausgesetzt, überleben sie das nicht.

Versenden wir die Tiere im Winter, ohne entsprechende Vorkehrungen (wie die Verpackung mit einem heatpack), erfrieren sie einfach. Da der Versand mit einem heatpack die Anwesenheit von Wasser erfordert und nicht gewährleistet, dass die Tiere nicht aneinander stoßen, befürworte ich diese Versandart nicht.

Nach vielen schlechten Erfahrungen plädiere ich ganz eindeutig für den Versand von Wasserschnecken ohne Wasser, in einem festwandigen Gefäß, mit Luftlöchern im Deckel und ausgepolstert mit festem und feuchtem Material!

Ohne Wasser, aber feucht, das ist für Wasserschnecken kein Problem.

Einsetzen im Aquarium

Auch Schnecken benötigen eine Eingewöhnungszeit an die neuen Wasserverhältnisse, sie dürfen keinesfalls einfach ins Aquarium gekippt werden. Mit einem Saugnapf wird ein Stück Styropor an der Aquarienscheibe befestigt, sodass es leicht geflutet wird. Die Schnecken werden mit der Hausöffnung nach unten aufgesetzt und suchen sich selbst ihren Weg ins Nass. Dieser Vorgang kann manchmal auch zwei Stunden dauern. Wenn die Tiere im Wasserbeutel transportiert wurden, können wir langsam Schluck für Schluck Aquarienwasser hinzufüllen. Auch das kann ein bis zwei Stunden in Anspruch nehmen. Der Beutel wird in dieser Zeit in das Aquarium eingehängt, sodass sich die Temperatur angleicht.

Die frisch eingesetzten Tiere sollten sich spätestens nach zwölf Stunden auf den Weg machen, um auf Nahrungssuche zu gehen. Neritiden, die sich beim Eingewöhnen nicht aus ihrem Haus wagen, werden mit der Mündung nach unten in das Aquarium gesetzt, da sie ohne festen Grund unter ihrem Fuß nicht in der Lage sind, sich umzudrehen.

Wenn sich die Schnecke auch nach drei Tagen nicht zeigt, nehmen wir sie heraus und riechen daran. Der Geruchstest zeigt uns schnell, ob sie noch lebt. Ist das Tier tot, muss es entsorgt werden, damit das Wasser nicht unnötig belastet wird.

Verlassen frisch eingesetzte Tiere das Wasser, liegt es entweder an falschen Wasserwerten oder aber an anderen Tieren, die sie zu stark belästigen. *Neritodryas* sp. oder Schlammschnecken, die in der Natur eher am Rande des Wassers zu finden sind, werden allerdings immer wieder versuchen, herauszukriechen. Auch wenn die Nitritwerte im Becken zu hoch sind, werden manche Schneckenarten versuchen, dieses zu verlassen, oder die Tiere mit Deckel verschließen ihr Haus und warten auf bessere Zeiten.

Saugnapf und ein Stück Styropor helfen beim Einsetzen.

Fütterung

Schnecken gelten zwar als Resteverwerter. Das heißt aber nicht, dass sie im Aquarium nicht gezielt gefüttert werden sollten. Spezielles Futter für Schnecken gibt es leider nicht zu kaufen, aber vieles was ihnen gut schmeckt. Auf die speziellen Wünsche bin ich bei der jeweiligen Artbeschreibung eingegangen.

Oben: Posthornschnecken an Welsfuttertabletten.

Fotos: Kaz u. Anelka, Pixabay

Foto: SyB, Fotolia

Wasserschnecken an aufgetautem und gespültem *Artemia*-Futtermix.

Frostfutter

Frostfutter, wie Weiße und Schwarze Mückenlarven oder Diskusmix, nehmen wir aus der Verpackung, spülen es in einem Sieb unter klarem Wasser ab, bis es aufgetaut ist.

Flockenfutter, Futtertabletten

Fast alle Wasserschnecken fressen Futter für Zierfische sehr gerne. Novo Tom benutze ich gerne bei meinen Filtrierern. Novo Malawi kommt bei schwierigeren Schnecken, wie frisch importierten Wildfängen, zum Einsatz. Ebenso Futtertabletten, die rein vegetarisch sind. Ich benutze Novo Pleco, Novo Fect, Novo Tab, aber auch Calcil, ein Schildkrötenfutter, das sehr gerne gefressen wird, weil es eine Extraportion Calcium enthält. Viele Wasserschnecken stillen einen Teil ihres Calciumbedarfes oral.

Foto: D. Gröbel

Weitere Futtermittel

Fotos: Pixabay

Foto: H. Hieronimus

Chlorella, eine Alge, die einige vielleicht aus der Schönheitsindustrie kennen, wird gerne gefressen, ebenso frisches oder blanchiertes Gemüse. Bewährt haben sich Gurke, Zucchini, Paprika, blanchierter Brokkoli, getrocknete Brennneseln, getrockneter oder gekochter Kürbis und vieles mehr.

Blätter haben nicht nur einen dekorativen Zweck, sondern werden als Verstecke genutzt und auch gefressen. Herbstlaub von Eichen, Buchen und Walnuss ist beliebt, sollte allerdings kurz vor dem Abfallen und weit ab von Straßen und nicht vom Boden gesammelt werden. Im Backofen bei 50 °C wird es dann getrocknet. Achtung, größere Mengen Laub senken den pH-Wert.

Lebendfutter, Futterschnecken

Lebendfutter ist nur für carnivore Schnecken wie *Clea helena* interessant. Ihr sollte man neben Trockenfutter auch Lebendfutter in Form von anderen Schnecken gönnen. Es eignen sich Blasenschnecken, *Radix*-Arten oder andere leicht zu züchtende Gastropoden. Die Blasenschnecke verlässt selten das Wasser und ist recht anspruchslos.

Zur Zucht genügt ein einfaches 30-Liter-Gefäß mit einem eingefahrenen Innenfilter. Die Zucht ist bei Raumtemperatur möglich, ein Heizstab wird also nicht unbedingt benötigt. Das Gefäß wird zu zwei Dritteln befüllt und einmal pro Woche wird ein 30-prozentiger Wasserwechsel vorgenommen. Pflanzen können eingesetzt werden, allerdings ist dann Beleuchtung notwendig. Nach dem Einsetzen der Tiere wird immer so viel gefüttert, wie innerhalb von zwei Stunden gefressen wird. Erhöhen wir die Temperatur mit einem Heizstab auf 22 °C, wachsen die Jungtiere schneller heran und auch die Laichproduktivität nimmt zu. Sobald die Jungschnecken die passende Größe haben, können diese verfüttert werden. Absammeln können wir die Schneckchen mit der Hand oder wir benutzen eine Schneckenfalle, die wir im Handel kaufen können.

Paradies- und Blasenschnecken lassen sich einfach als Futtermittel züchten.

Aquarium ohne Technik

Techniklose Aquarien sollten üppig bepflanzt sein und genug Tageslicht zur Verfügung haben.

Besonders für die Schneckenhaltung ist das techniklose Aquarium interessant. Bei einem moderaten Besatz, ausreichend Tageslicht und den passenden Pflanzen ist ein solches Becken sehr gut möglich. Ich besitze fünf Würfelbecken zwischen 20 und 30 Litern, welche die meiste Zeit des Jahres völlig ohne Technik auskommen. Im Winter werden einige allerdings drei Monate lang zusätzlich beleuchtet.

Der Bodengrund besteht aus Sand, der bis zu einer Höhe von zwei Zentimetern eingefüllt wird. Wurzeln, Steine und Blattwerk werden nach Bedarf und wie es gefällt eingebracht. Eine Pflanzendichte von 80 Prozent sollte aber nicht unterschritten werden.

Die Auswahl der Pflanzen ist einfach: Sie müssen bei einer Temperatur zwischen 15 und 30 Grad gedeihen, je nach Standort und Raumtemperatur. Lichthungrige Pflanzen sind nicht geeignet. Passend sind Anubienarten, Cryptocorynen, *Bacopa* sp., *Helanthium* sp., *Hygrophila* sp., *Sagittaria* sp., Javamoos und der Wassernabel *Hydrocotyle* sp., der auch dekorativ aus dem Aquarium herauswächst. Wasserlinsen (*Lemna minor*) sollten nur dann eingebracht werden, wenn sie als Nahrung Verwendung finden, wie zum Beispiel bei *Taia naticoides.*

Das Aquarium sollte so aufgestellt werden, dass ein natürlicher Lichteinfall stattfindet. Wegen der entstehenden Wärme nicht zu nahe am Fenster, aber wiederum so, dass das Licht ausreicht. Im Sommer muss es möglich sein, den Lichteinfall zu ändern, da die Temperaturen hinter der Scheibe recht schnell Werte über 40 °C erreichen.

Ist das Aquarium mit Sand und Wasser befüllt, setzt man wenige der ausgesuchten Pflanzen hinein und beobachtet, welche von ihnen am besten gedeihen. In den ersten acht Wochen werden keine Tiere eingesetzt, aber Wasserwechsel und Fütterung sind Pflicht.

Die regelmäßige Fütterung mit künstlichem Futter trägt dazu bei, dass sich die notwendigen Bakterien bilden, um später die Abbauprodukte der Insassen umzuwandeln. Der dadurch entstehende braune Schlamm wird nicht abgesaugt und verbleibt unbedingt im Aquarium.

Nach zwei Monaten, in denen das Aquarium „gefüttert" wurde, kann man die ersten Schnecken einbringen und regelmäßig die Wasserwerte kontrollieren. Das

Taia naticoides eignet sich hervorragend für diese Art der Aquarien, das Wasser ist kristallklar.

Wichtigste im techniklosen Aquarium ist ein maßvolles Füttern.

Für diese Aquarien eignen sich *Taia naticoides* ganz vorzüglich, da sie nicht nur Weidegänger sind, sondern das Wasser auch filtrieren. Die techniklosen Becken mit dieser Art haben ausgesprochen klares Wasser und laufen sehr stabil.

Im Winter kann man eventuell eine Beleuchtung anbringen, sie sollte aber nicht überdimensioniert sein, da sich das Wachstum der Pflanzen mit dem Licht verändert und nach dem Absetzen der Beleuchtung ist nicht mehr gewährleistet, dass die Pflanzen mit den neuen Lichtbedingungen zurechtkommen.

Seit mehr als zwei Jahren laufen meine techniklosen Becken perfekt. Der einzige Zwischenfall, der zu einem Nitritanstieg führte, passierte nach dem Tod zweier großer Schnecken. Die kleinen Becken meiner Kinder (fünf und sieben Liter, ohne jede Technik), besetzt mit Anubien, stehen im kühleren Bereich des Nordfensters und laufen seit mehr als fünf Jahren stabil. Der Besatz besteht aus Posthorn- und Blasenschnecken. Die Population richtet sich nach der eingebrachten Menge an Futter.

Ein Egel im Aquarium auf Nahrungssuche.

Foto: H. Buck

Krankheiten

Wirbellose, also auch unsere Wasserschnecken, besitzen keine Lymphozyten, also auch keine Antikörper in ihrer Körperflüssigkeit. Mithilfe ihres immunbiologischen Abwehrsystems, welches sich aus Hämozyten und Serumkomponenten zusammensetzt, sind sie gut geschützt. Auch größere Schädlinge, wie Larven von Trematoden, werden von den körpereigenen Hämozyten eingeschlossen und mithilfe von Enzymen getötet.

Wenn allerdings die Menge der Bakterien überhandnimmt, können auch Schnecken erkranken. Gerade in unseren Aquarien müssen wir deswegen auf eine gute Wasserhygiene, regelmäßige Wasserwechsel und eine angepasste Filterung achten. Leider sind gerade die so beliebten Nanoaquarien ganz besonders anfällig und müssen regelmäßig und gut gewartet werden.

Planarien haben Augen, dies unterscheidet sie unter anderem von Egeln.

Inaktive Tiere

Leider sind Schnecken nicht ganz so zäh und widerstandsfähig, wie wir oft glauben. Wenn wir beispielsweise eine Schnecke, die bisher in völlig anderen Wasserwerten gelebt hat, einfach in unser Aquarium mit einem vielleicht wesentlich niedrigeren pH-Wert oder einer großen Temperaturdifferenz setzen, wird sie das übel nehmen und Tage benötigen, bis sie wieder fit ist. Im schlimmsten Fall kann es zum Ableben führen.

Auf einer Messe konnte ich beobachten, wie Tiere aus einem Beutel mit „Heimatwasser" ohne Eingewöhnung in frisch aufgefüllte Aquarien geschüttet wurden. Die Tiere (Kahnschnecken und Turmdeckelschnecken) kamen aus einer Weichwasserhaltung bei 24 °C und fielen in hartes Wasser bei 15 °C. Da alle anderen Tiere auf dieser Messe dasselbe Wasser vorfanden, gehe ich nicht davon aus, dass Toxine im Spiel waren. Bis zum Abend waren leider alle diese Schnecken tot. Die Deckel der Neritiden waren geöffnet, die Körper ragten starr daraus hervor.

Werfen wir unsere Neuerwerbungen also einfach ins Aquarium, brauchen wir uns nicht wundern, wenn sie recht inaktiv aussehen. Dauert dieser Zustand an, sollte man sie herausnehmen und daran riechen. Schlägt uns ein unangenehmer Geruch entgegen, ist die Schnecke tot. Falls nicht, wieder hineinlegen und abwarten.

Eine weitere Möglichkeit für das Einstellen der Aktivität ist eine nicht ausreichende Fütterung. Schnecken brauchen Futter und zwar nicht zu knapp. Im Gesellschafts- oder Artenbecken, in dem mäßig gefüttert wird, haben es die Schnecken etwas schwerer. Eine Cappuccino-Schnecke zum Beispiel ist ohne Zufütterung verloren und wird langsam aber sicher verhungern. Zuerst zeigt sie sich aktiv, mit der Zeit bewegt sie sich immer weniger, dann bleibt sie auf einer Stelle liegen und kommt nur noch gelegentlich hervor. Schließlich zieht sie sich zurück und stirbt. Genaueres finden Sie auch bei *Brotia pagodula* (s. S. 72).

Abschließend können wir feststellen: Es gibt Schnecken, die sehr anpassungsfähig sind und kaum etwas übel nehmen. Andererseits gibt es aber die spezialisierten, die nur an wenigen Orten auf der Welt vorkommen und die auch im Aquarium entsprechend behandelt werden müssen.

Schnecken, die mehrere Tage inaktiv sind, sollten überprüft werden.

Schäden am Körper

Gelegentlich sieht man bei Wasserschnecken Mängel an Körper und Fuß. Bei Ampullarien (Paradiesschnecke, Apfelschnecke etc.) können Stücke fehlen oder plötzlich Kerben und Einschnitte auftreten. Typisch sind auch die gekringelten Fühler der Ampullarien, die meist bei Unwohlsein auftreten. Bei Optimierung der Umweltverhältnisse und des Futters sind aber selbst Löcher und Kerben wieder heilbar. Es wird keine Medizin benötigt, sondern nur eine gute Wasserqualität und ausreichend Futter. Außerdem die Möglichkeit für Tiere, die zum Atmen an die Wasseroberfläche kommen, in seichtem Wasser bis zur Genesung zu leben.

Mantelsaumverletzungen führen zu kerbigem Gehäusewachstum.

Schäden am Haus

Mantelsaumverletzung und starke Korrosion des Hauses.

Tylomelania towutica mit starken Korrosionen am Gehäuse.

Es gibt mehrere Möglichkeiten, wodurch das Haus einer Wasserschnecke beschädigt werden kann. Manchmal werden Schnecken importiert, die schon mit Gehäuseschäden in den Verkauf kommen. Meist sind die Gehäusespitzen, also die ältesten Teile, betroffen. Die oberste Schicht des Hauses ist abgetragen und man sieht deutlich die offenliegende Kalkschicht. Diese obere Schicht besteht aus sklerotisiertem Eiweiß, welches beständig gegen chemische Einflüsse ist, nicht aber gegen mechanische Verletzungen.

Fällt eine Schnecke von der Scheibe auf einen Bodengrund mit Steinen, können wir uns gut erklären, wieso die Spitze häufig unschön aussieht. Hier entsteht eine mechanische und leider irreparable Beschädigung.

Bei Weichwasserhaltung mit einem niedrigen pH-Wert (unter 7), bei Überbesatz und geringem Wasserwechsel sieht man häufig beschädigte Häuser. Ist die obere Schicht an einer Stelle defekt, führt der niedrige pH-Wert zu einem zügigen Abbau des Hauses. Allerdings kann die Schnecke von innen Kalk anlagern und das Haus notdürftig reparieren.

Kann sich die Schnecke verklemmen, führt dies wiederum zu Abrieb am Haus oder auch zu einer Verletzung des Saumes, was sich ebenfalls beim Wachstum des Hauses zeigt. Wird der Mantelrand des Hauses verletzt, dann wird das nachwachsende Haus davon in Mitleidenschaft gezogen.

Neritina waigiensis bildet im Aquarium ihr Haus in anderen Farben nach.

Problematisch können auch Verletzungen oder Löcher werden, welche die gesamten Schichten des Hauses betreffen. Ist die Schnecke nicht in der Lage, durch den Mantel neues Gehäusematerial an dieser Stelle anzulagern, kann Wasser zwischen den Mantel und das noch intakte Gehäuse treten, was im schlimmsten Fall zum Einfallen der Mantelhöhle und damit zum Tod führt.

Die Zusammensetzung des Futters den Nahrungsgewohnheiten des Pfleglings anzupassen, ist ganz wichtig. Bei einer *Marisa cornuarietis* oder einer *Taia naticoides* würde ich neben Futtertabletten auch Axolotl-Futter reichen, das tierisches Eiweiß enthält. Eiweiß wird in Aminosäuren aufgespalten und dann zu Kalk umgebaut, aus dem das Haus der Schnecke besteht – und selbst ihr Schleim beinhaltet Calcium. Die Paradiesschnecke zum Beispiel bezieht 48 Prozent ihres Kalkbedarfes oral, dies wiederum variiert selbstverständlich je nach Familie, Gattung und Art. Besonders wichtig ist dieses Wissen, wenn wir bei Weichwasserhaltung züchten wollen.

Um Kerben und andere Verletzungen zu vermeiden, sollte man darauf achten, dass keine Tiere vergesellschaftet werden, die Gefallen an den Schnecken finden können (Krebse, Schnecken fressende Fische u.a.) und sie verletzen. Zu erheblichem Unwohlsein führt auch das ständige Saugen von Welsen an den Häusern der Schnecken oder permanente Angriffe vorwitziger Bärblinge.

Die Einrichtungsgegenstände sollten so angelegt sein, dass eine Schnecke sich an den Aufbauten nicht verklemmen oder schneiden kann. Bitte keinen nicht abgekanteten Schiefer verwenden.

Deutlich sichtbare Änderung des Periostracums.

Parasiten

Gefürchtet und nicht gern gesehen ist der Schneckenegel. Egel, die wir bei den Wasserschnecken finden, gehören zur Familie Glossiphoniidae. Mit welcher Art wir es zu tun haben, kann vom Laien kaum bestimmt werden. Sitzt der Egel an der Schnecke, fährt er einen Stachel aus, stößt in sie hinein und beginnt die Schnecke auszusaugen. Je nach Größe der Schnecke kann dies gleich zum Tode führen. Ist er satt, bevor das Tier an Flüssigkeitsverlust stirbt, hat es im Moment Glück gehabt. Allerdings wird sich der Egel ein andermal wieder bedienen, was früher oder später unweigerlich zum Tod des Wirtstieres führt. Leider ist es nicht möglich, die Egel mithilfe von chemischen Mitteln loszuwerden, ohne ebenfalls die Schnecken zu töten. Auch ein manuelles Entfernen ist selten von Erfolg gekrönt. Wenn wir versuchen, den Parasiten vom Kopfbereich der Schnecke zu entfernen, zieht diese sich in ihr Haus zurück – mitsamt dem Egel.

Gelegentlich wird versucht, die Tiere mit einem Solebad (10 Prozent Salz) zu retten. Es kann gelingen, dass sich die Egel lösen und im Salzwasser zurückbleiben, aber hundertprozentig sicher ist diese Methode nicht, und für die Schnecken kann diese Behandlung auch schwächende oder gar letale Folgen haben.

Einigen Arten von Egeln und Würmern (Spulwürmer) dienen Schnecken als Zwischenwirte, das heißt der Wirt wird mit der Generation gewechselt. Die Egel legen Eier im Endwirt ab (Vogel, Säugetier oder Schnecke) und diese Eier werden auf natürlichem Wege ausgeschieden. Daraus entfleuchen Miracidien, – so nennt man das Zwischenstadium, wenn sie in einen Zwischenwirt eindringen, um sich dort asexuell zu vermehren. Im Wirt entstehen Zerkarien (Larvenstadium), die dann den Wirt verlassen und Zysten bilden, wo sie einige Zeit überdauern können. Sie werden vom Endwirt aufgenommen. Nachdem ihre äußere Schicht verdaut ist, wan-

Egel sind für Schnecken tödlich und müssen abgesammelt werden.

Foto: H. Buck

Egelbefall führt zum langsamen Ausrotten des Schneckenbesatzes. Fotos: H. Buck

dern sie im Blut in innere Organe, wie zum Beispiel die Leber, und dort vermehren sich die ausgewachsenen Tiere. Und so beginnt der Kreislauf von Neuem.

Aus der Aquaristik bekannt ist unter anderem der kleine Schneckenegel (*Alboglossiphonia heteroclita*). Er wird ca. zwölf Millimeter lang und wirkt schmutzig grauweiß, er bewegt sich kriechend durchs Becken und meidet wie alle Egel die Helligkeit. Auch er saugt gerne Schnecken aus. In der Natur findet man ihn an Holz, unter Steinen oder auch an Pflanzen in relativ sauberem Wasser. Seine Verbreitung findet er in Europa, aber auch in Nordafrika und Nordamerika sowie in Asien.

Für Teichbesitzer ist noch der Große Leberegel (*Fasciola hepatica*) interessant, da er eine Gefahr für Schafe, Pferde und Rinder darstellt. So wurden die Larven des Egels zum Beispiel bei der Spitzschlammschnecke (*Lymnaea stagnalis*) gefunden. Die Miracidien gehen auf die Schnecken über, teilen sich dort und verlassen die Schnecke. Die im Wasser entwickelten Zerkarien heften sich in Zystenform an Pflanzen, die am Ufer stehen. Tiere die von diesen Pflanzen fressen, können mit dem Leberegel infiziert werden. Wichtig für den Bauern, der eine Weide in der Nähe von Sumpf- oder Nassgebieten hat. Auch wir sollten die Pflanzen am Teich nicht essen, da auch Menschen von diesem Egel befallen werden können.

Mit der Einfuhr unterschiedlicher Schneckenarten aus vielen Ländern haben auch unterschiedliche Egel ihren Platz in der Aquaristik bekommen, gegen die wir leider relativ machtlos sind. Die genaue Bestimmung müssen wir dem Tierarzt überlassen.

Planarien

Im Aquarium finden wir meist eine kleine weiße Planarie, *Dugesia austroasiatica*, mit fast dreieckigem Kopf, die ausgewachsen ca. zwölf Millimeter lang wird. Ihre Augen liegen eng beieinander und sind als dunkle Punkte sichtbar. Ihr Schlund befindet sich an der Unterseite des Körpers. Die meist räuberisch (carnivor) lebenden Plattwürmer wechseln ihre Wirte und Beute. Sie sind Jäger und fangen ihr Fressen mithilfe von Schleimfäden. Nicht nur Wasserflöhe und Insektenlarven stehen auf ihrem Speisezettel, auch Schnecken, Muscheln, Krebse, Garnelen, Fischgelege oder auch Hydren werden befallen.

In kleinen Mengen sind Planarien noch nicht problematisch. So leben in meinem Aquarium mit Pianoschnecken (*Taia naticoides*) wenige Planarien. Hin und wieder erleidet der Stamm den Verlust einer Jungschnecke, aber die Population vergrößert sich trotzdem weiter. Problematischer wird es bei einem Massenbefall, dies kann das Ende der Schneckenpopulation sein.

Da die Planarien auf dem Schneckenkörper leben, gerne unter dem Hausrand, werden sie häufig ohne Absicht als kleines Extrageschenk weitergegeben. Ein Befall im Aquarium fällt nicht sofort auf, die Planarien lieben es dunkel und verziehen sich, sobald das erste Licht ins Aquarium schimmert, unter das Haus einer Schnecke, unter Steine, auf dunkle Silikonnähte oder in oder hinter den Filter. Die Tierchen sind flach und bewegen sich mithilfe ihres abgesonderten Schleimes auf Flimmerhärchen vorwärts.

Sie besitzen eine erstaunliche Regenerationsfähigkeit. Im Falle von Teilung oder Verletzung wird rasch fehlendes Gewebe vollständig ersetzt. Das heißt, zerstückeln wir sie in Teile, haben wir zur Erhöhung der Population beigetragen.

Planarienart mit dreieckigem Kopf an der Aquarienscheibe.

Planarienbefall führt bei lebendgebärenden Schnecken nicht zum Aussterben, aber sie fressen gerne Gelege.

Rechts: Planarie auf der Suche nach Futter, am Haus einer *Brotia*.

Was kann man gegen Planarien tun?

Für ein Aquarium mit Fischbesatz ohne Schnecken oder andere Wirbeltiere gibt es beim Tierarzt flubendazolhaltige Medikamente, die bei genauer Anwendung erfolgreich eingesetzt werden. Diese verseuchen Bodengrund und Filter auf Monate und unsere Schnecken können hier nicht mehr erfolgreich gehalten werden. Leider hat es sich aber auch gezeigt, dass es Planarienstämme gibt, denen das Flubendazol nichts mehr anhaben kann.

Auch Panacur, welches als zehnprozentige Suspension für Hunde beim Tierarzt gekauft werden kann, kommt zum Einsatz. 0,65 ml werden auf 100 Liter Wasser in das Aquarium gegeben. Nachdem das Mittel sieben Tage gewirkt hat, sollte ein Wasserwechsel vorgenommen werden. Berichten zufolge sollen manche Schneckenarten diese Kur überstehen. Dazu gehören Posthorn-, Blasen-, Turmdeckelschnecken und auch *Tylomelania*-Arten, wogegen Kahnschnecken dies nicht überleben.

Eine Alternative, wenn auch nicht 100-prozentig erfolgreich, sind Planarienfallen. Dazu benötigt man ein schlankes Gefäß mit einer kleinen Öffnung, in die Planarien gerade hineinpassen. Diese Öffnung wird mit einem Stück Futtertablette oder Fleisch bestückt. Im Laufe der Nacht füllt sich das Röhrchen mit Planarien, die am Morgen, bevor das Licht im Aquarium angeht, herausgenommen werden können. Langsam und stetig sollte sich die Planarienpopulation verringern. Diese Fallen kann man im Aquaristikhandel kaufen oder nach Anleitungen im Internet selbst bauen. Es gibt auch Fische, die Planarien fressen, wie Zwergfadenfische und Makropoden.

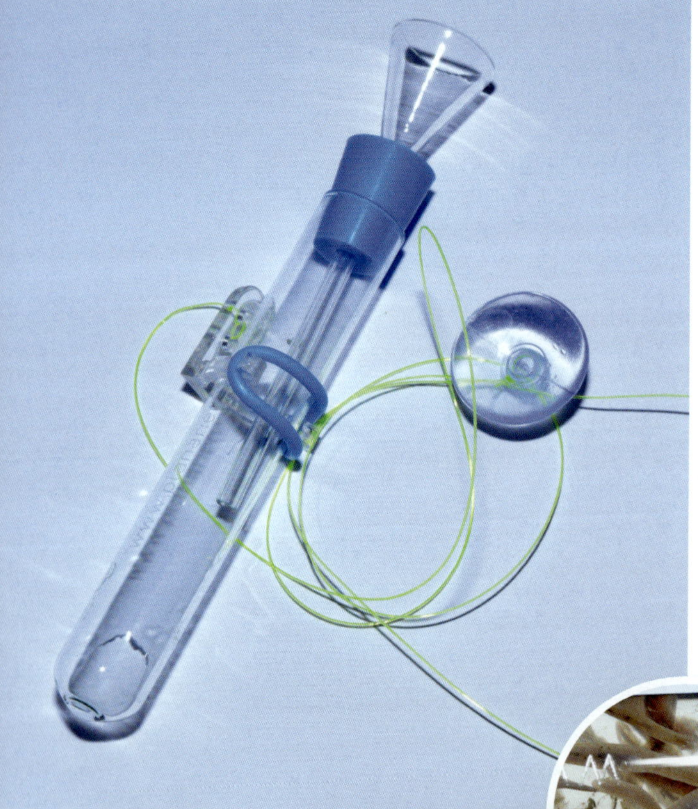

Erfolgreich eingesetzte Planarienfalle.

www.planarienfalle.de

Trematoden (Saugwürmer)

Diese Plattwürmer leben parasitär. Planmäßiger Endwirt der die Schnecke verlassenden Zerkarien (= Larvenstadium der Egel) sind Wasservögel, Fische, Amphibien oder Säugetiere. Die Eier der Egel werden mit dem Kot ausgeschieden. Gelangen diese ins Wasser, entwickeln sich aus den Eiern Flimmerlarven (Miracidien), die sich in die Schnecke bohren können und dort eine Sporozyste (Brutschlauch) bilden. Es entstehen Tochterparazysten oder Stablarven. Diese produzieren neue Stablarven und daraus entstehen Cecarien, die den Zwischenwirt verlassen. Im neuen Zwischenwirt angekommen, bilden sich MetaZerkarien. Manche Zerkarien heften sich auch an Pflanzen, um dort zu MetaZerkarien heranzuwachsen. Werden diese dann beispielsweise von Wiederkäuern aufgenommen, bricht die Zyste auf und die Würmer setzen sich im Verdauungstrakt oder anderen Organen ab, um sich dort zu verpaaren.

Bilharziose

Bilharziose ist eine durch Pärchenegel verursachte Krankheit. Der bis zu zwei Zentimeter lange Wurm ist getrenntgeschlechtlich veranlagt und lebt fest als Paarverbund, deswegen wird er auch Pärchenegel genannt. Die Larven, welche Menschen und andere Säugetiere befallen, können sich durch die Haut bohren, sobald sie im Wasser damit in Kontakt kommen.

Als ausgewachsene Tiere siedeln sie sich an Blutgefäßen der Darmwand an. Die mit Stacheln versehenen Eier verursachen Blutungen und Entzündungen, wenn sie Darm oder Blasenwand durchdringen. Eier, die nicht ausgeschieden werden, werden verkapselt und sammeln sich in der Leber. Die Folgen sind Lebererkrankungen, Darm- und Blasenkrebs. Kurz nach der Infektion kann hohes Fieber auftreten, welches zum Tode führen kann. Die Egel können bis zu 25 Jahre im Wirt leben und ständig Eier produzieren, die ausgeschieden werden.

Schistosoma mansoni hat ein relativ großes Verbreitungsgebiet in Afrika, der Karibik und Südamerika und auf Korsika. *Schistosoma*-Arten, die dem Menschen gefährlich werden können, sind: *Schistosoma mansoni* (aus Afrika, aber durch Verschleppung ein weitaus größeres Verbreitungsgebiet), *Schistosoma japonicum* (Ostasien), *Schistosoma intercalatum* (West- und Zentralafrika). Auch in Europa leben Verwandte der *Schistosoma,* deren Larven sich auf Wasservögel konzentrieren, sollten sie sich aber versehentlich in unsere Haut bohren, sterben sie schon kurz danach in unserer Unterhaut. Zurück bleibt eine Badedermatitis, die sich durch Rötung und Juckreiz zeigt (*Ornithobilharzia, Trichobilharzia, Bilharziella*). Reisen wir in betroffene Länder, so sollten wir stehende und langsam fließende Gewässer meiden. Weltweit sind ungefähr 200 bis 300 Millionen Menschen infiziert und 600 Millionen gefährdet. Bilharziose kann inzwischen, sofern es frühzeitig erkannt wird, auch behandelt werden.

Nematoden

Nematoden befallen Schnecken und sind für diese tödlich. Sie werden auch gezielt zur Landschnecken-Bekämpfung eingesetzt. Nematoden kriechen in die Mantelhöhle der Schnecken, die dort abgesonderten Bakterien führen zum Tod, durch langsames Zersetzen. Die Nematoden ernähren sich von der Schnecke und vermehren sich durch Selbstbefruchtung in ihr, nachdem sie ihr Larvenstadium hinter sich gelassen haben. Nematoden gibt es in reichhaltiger Fülle, und sie sind alle für die Schnecke letal.

Ratten-Lungenwurm

Der Ratten-Lungenwurm (*Angiostrongylus cantonensis*) wird durch den Kot befallener Ratten verbreitet. Kotet das befallene Tier ins Wasser und wird dieses getrunken, kann der Mensch sich infizieren. Eine Infektion kann zum Tode führen oder zu schweren neurologischen Ausfällen.

Aber nicht nur durch das Wasser direkt, sondern auch durch den Verzehr von befallenen Wasser- und Landschnecken, die nicht durchgekocht waren, ist eine Infektion möglich. Apfelschnecken (*Pomacea, Pila*), aber auch *Viviparus japonicus* können Überträger sein.

Grundsätzlich sollten wir mit Wildfängen dieser Arten vorsichtig sein. Es empfiehlt sich nicht, diese in ein bestehendes Aquarium einzusetzen, da besonders nach dem Ableben eines befallenen Tieres das ganze Aquarium kontaminiert sein kann. Deswegen ist auch beim Wasserwechsel auf das Ansaugen mit dem Mund zu verzichten.

Welche Vorsichtsmaßnahmen kann ich ergreifen?

Wie kann ich denn aber Schnecken besitzen und gleichzeitig sicher sein, dass mir keine unerwünschten Mitbringsel in das Aquarium wandern? Die Lösung: Man nimmt das Gelege der Schnecken. Ganz sicher kann man bei Gelegen von Wasserschnecken sein, die außerhalb des Wassers ihre Eier ausbringen. Nicht ganz so sicher ist man bei Gelegen, welche unter Wasser angebracht wurden. Sicher sind die Eier der Unterwassergelege frei von ungewünschten Gästen, aber was ist mit dem Wasser, in dem das Gelege hing? Mir ist es am liebsten, ich bekomme Nachzuchttiere, bei denen kann ich hoffen, dass sie einigermaßen ungefährlich sind.

Vergiftungen

Mit dem Einsatz von Medikamenten gegen allerlei Fischkrankheiten kommt es oft auch zum Sterben der Schneckenpopulation in unseren Aquarien. Benutzen wir Mittel gegen Hydren, Planarien und Egel, sind diese meist auch für Gastropoden tödlich. Medizin gegen Fischkrankheiten wie Weißpünktchenkrankheit, Samtkrankheit oder Hauttrübungen, wirkt sich ebenfalls negativ auf Gastropoden aus. Folgende Inhaltsstoffe sollten unbedingt gemieden werden: Kupfer, Malachitgrün, Dimotrin, Trichlorphon, Formaldehyd, Methiocarb, Niclosamid, Ammoniumhydrat.

CIKERFreeVectorImages, Pixabay

Abgesehen von Medikamenten kann es zu seltsamem Massensterben unter den Wasserschnecken nach einem Wasserwechsel kommen. Bei mir im Haus wurden neue Kupferrohre verlegt. Nach dem nächsten Wasserwechsel wirkten die Tiere sehr ruhig und zogen sich zurück. Daraufhin machte ich noch einen Wasserwechsel, innerhalb von wenigen Tagen waren die Tiere tot. Vermutlich war die Belastung von Kupfer im Wasser zu hoch. Nun könnte man meinen, das bleibt so, tut es aber nicht. Es bildet sich relativ schnell eine Oxidschicht auf dem Kupfer, auch in den Rohren, womit wieder ohne Probleme Leitungswasser verwendet werden kann.

Ein anderes Problem stellt sich mit gechlortem Wasser ein. Wird das Leitungswasser vom Wasserwerk wegen einer bakteriellen Problematik gechlort, wird dies zwar gemeldet, aber meist bekommt man es doch nicht rechtzeitig mit. Weiß man, dass das Wasser gechlort ist, ist es ausreichend, das Wasser mit dem Duschkopf in den Eimer spritzen zu lassen, damit das Gas entweichen kann.

Nitratbelastung

Nicht zu unterschätzen ist der Nitratwert im Wasser, es lohnt sich, das Leitungswasser regelmäßig daraufhin zu überprüfen. Nach der Trinkwasserverordnung sollte er nicht höher als 50 mg/l sein. Steigt das Nitrat im Aquarium an, kann dies bei Wasserschnecken auch tödliche Folgen haben. Ab einem Wert von 100 mg/l besteht Handlungsbedarf. Nitratzehrende Pflanzen, also schnell wachsende, sind hilfreich, häufige Wasserwechsel oder die Zugabe von Regenwasser können den Nitratwert senken. Der Einbau eines im Wasserkreislauf integrierten Nitratfilters funktioniert hervorragend.

Inhaltsstoffe von Pflanzen

Nicht ausreichend getrocknete Walnussblätter oder andere nicht getrocknete Blätter, die Saponin enthalten, können gefährlich werden. Auch die Vogelmiere enthält viel Saponin. Der Trend, allerlei Kräuter und selbst gesammelte Pflanzen in das Aquarium als Futter einzubringen, ist sicher nützlich, aber es ist wichtig, genau zu wissen, was ich da im rohen Zustand in das Wasser lege, welche Giftstoffe enthalten sind und wie die Inhaltsstoffe auf meine Beckeninsassen wirken.

Auch das Anbringen von Pflanzen oberhalb der Wasseroberfläche, als eine Art Aquaterrarium, sollte vorsichtig gehandhabt werden. Also erkundigen, welche Stoffe unsere Pflanze enthält.

Foto: meneya, Pixabay

Thiara cancellata, eine interessante, skurril aussehende Schnecke, die sich im Aquarium nicht vermehrt.

Foto: C. Lukhaup

Glossar

Apex .... Spitze des Schneckenhauses
Ästuaren .... der Flut ausgesetzte Flussmündungen
Buccalhöhle .... Mundhöhle
Carnivore .... Fleischfresser
Columellaris .... Teil des Hauses vom Nabel bis zur Mündung
Dentikel .... Kalbablagerungen in der Mundhöhle
Mollusken .... Weichtiere
multispiral .... der Kern des Operculums ist von vielen Spiralen umgeben
Nukleolus .... Kern des Operculums
Operculum .... Gehäusedeckel
opisthoklin .... Struktur verläuft auf einer Linie mit der Spindel
Ostracum .... Hauptschicht des Schneckenhauses
ovipar .... eierlegend
ovovivipar .... Eier werden nicht abgelegt, sondern im Mutterleib ausgebrütet
paucispiral .... schnell anwachsend
Periostracum .... Außenschicht des Schneckenhauses
Radula .... Raspelzunge
Sipho .... zu einem Rohr gefalteter Teil des Mantels
Spermatophor .... Spermienpaket
Umbilicus .... Nabel
Sutur .... spiralförmig umlaufende Naht des Hauses
Veligerlarve .... Schwimmlarve der Mollusken
vivipar .... lebendgebärend, Embryonalentwicklung erfolgt im Muttertier

Literatur

Abbott, R. Tucker (1991): Seashells of South East Asia. Graham Brash, Singapore. 145 pp.

Abrecht, B. C., K. Kuhn, B. Streit, (2007): A molecular phylogeny of Planorboidea (Gastropoda, Pulmonata): insights from enhanced taxon sampling. Zoologica Scripta, 36: 1, January 2007, pp. 27-39.

Benthem-Jutting (1956): Revision of the Freshwater Gastropods from Java. Zoological Museum, Amsterdam. Treubia Vol 23, Part 2.

Boettger, C.R. (1933): Die Farbenvarianten der Posthornschnecke Planorbarius corneus L. und ihre Bedeutung. Molecular and General Genetics MGG. Springer Berlin / Heidelberg. Vol. 63, No. 1 / Dezember 1933. pp. 112-153.

Houbrick, R. S. (1996): Monograph of the Genus Cerithium Bruguiere in the Indo-Pacific Cerithiidae: Prosobranchia

Brandt R.A.M (1974): Archiv für Molluskenkunde der Senckenbergischen Naturforschenden Gesellschaft, Band 105.

Costil, K. (1994): Influence of temperature on survival and growth of two freshwater planorbid species, Planorbarius corneus (L.) and Planorbis planorbis (L.). Journal of Molluscan Studies. Vol. 60: 223-235.

Costil, K. (1997): Effect of temperature on embryonic development of two freshwater pulmonates, Planorbarius corneus (L.) and Planorbis planorbis (L.). Journal of Molluscan Studies. Vol. 63: 293-296.

Fechter, R. & G. Falkner (1990): Weichtiere. Time-Life Books B.V., Amsterdam. Mosaik Verlag GmbH, München.

Gérard, C. (2004): First occurrence of Schistosomatidae infecting Aplexa hypnorum (Gastropoda, Physidae) in France. Parasite Jun; 11(2), 231-234

Glaubrecht M. & T.v. Rintelen (2003). Systematics, molecular genetics and historical zoogeography of the viviparous freshwater gastropod Pseudopotamis (Cerithioidea, Pachychilidae): a relic on the Torres Strait Islands, Australia. Zoologica Scripta 32(5): 415-435

Glöer, P. (2002): Süßwassermollusken Nord- und Mitteleuropas. Bestimmungsschlüssel, Lebensweise, Verbreitung. In: Die Tierwelt Deutschlands. Conchbooks, Hackenheim.

Glöer, P. & Meier-Brook, C. (2003): Süßwassermollusken. Ein Bestimmungsschlüssel für die Bundesrepublik Deutschland. Deutscher Jugendbund für Naturbeobachtung, Hamburg.

Grewal, P. S., S. K. Grewal, L.Tan, B. J. Adams, (2003): Parasitism of Molluscs by Nematodes: Types of Associations and Evolutionary Trends. Journal of Nematology 35(2):146-156.

Haynes A. (2001): Freshwater Snails of the Tropical Pacific Islands.- Institute of Applied Science, Suva, Fiji.

Hendarsih, S. (2002): Golden Apple Snail, Pomacea canaliculata (Lamarck) in Indonesia. Research Institute for Rice Sukamandi, Indonesia.

Hunter, W.R. (1953): On the growth of the fresh-water limpet, Ancylus fluviatilis Müller, Proc. zool. Soc. Lond., 123: 623-636. London.

Jaeckel, S.G.A.: Mollusca. In: ILLIES, J. (ed.) (1967): Limnofauna europea. Eine Zusammenstellung aller die europäischen Binnengewässer bewohnenden mehrzelligen Tierarten mit Angaben über ihre Verbreitung und Ökologie. G. Fischer Verlag.

Kawakatsu, M; I. Oki, S. Tamura, T.Yamayoshi, (1985): Reexamination of freshwater planarians found in tanks of tropical fishes in Japan, with a description of a new species, Dugesia austoasiatica sp. nov. (Turbellaria; Tricladida; Paludicola). Bull. Biogeogr. Soc. Japan, 40 (1): 1-19.

Köhler, F. & C.Dames (2009). Phylogeny and systematics of the Pachychilidae of mainland Southeast Asia – Novel insights from morphology and mitochondrial DNA (Mollusca, Caenogastropoda, Cerithioidea). Zoological Journal of the Linnean Society 157: 679-699.

Köhler, F. & M. Glaubrecht (2006). A systematic revision of the Southeast Asian freshwater gastropod Brotia (Cerithioidea: Pachychilidae). Malacologia 48: 159-251.

Köhler, F. & Glaubrecht, M. (2007). "Out of Asia and into India – On the molecular phylogeny and biogeography of the endemic freshwater gastropod Paracrostoma Cossmann, 1900 (Caenogastropoda: Pachychilidae). Biological Journal of the Linnean Society 91: 627-651.

Köhler, F. & M. Glaubrecht (2010). Uncovering an overlooked radiation: molecular phylogeny and biogeography of Madagascar's endemic river snails (Caenogastropoda: Pachychilidae: Madagasikara gen. nov.). Biological Journal of the Linnean Society 99: 867-894.

Köhler, F. , T. v Rintelen, A. Meyer, M. Glaubrecht, Multiple origin of viviparity in Southeast Asian gastropods (Cerithioidea: Pachychilidae) and its evolutionary implications. - Evolution 58: 2215-2226.

Köhler, F., M. Glaubrecht (2003). Morphology, reproductive biology and molecular genetics of ovoviviparous freshwater gastropods (Cerithioidea: Pachychilidae) from the Philippines, with description of the new genus Jagora. Zoologica Scripta 32(1): 35-59.

Köhler, F., Glaubrecht, M. 2006: A systematic revision of the Southeast Asian freshwater gastropod Brotia (Cerithioidea: Pachychilidae). Malacologia, 48: 159-251.

Köhler, F., Rintelen, T.v., Meyer, A., Glaubrecht, M. 2004: Multiple origin of viviparity in Southeast Asian gastropods (Cerithioidea: Pachychilidae) and its evolutionary implications. Evolution, 58: 2215-2226.

Kohl M.,: Freshwater Molluscan. http://mkohl1.net/FWshells.html

Mouahid, A. et. al. (1996): Observation of spawn in Melanopsis praemorsa (Prosobranchia: Melanopsidae). Journal of Molluscan Studies. Vol. 62, (3): 398-402.

Neumann, D. (1959): Morphologische und Experimentelle Untersuchungen über die Variabilität der Farbmuster auf der Schale von Theodoxus fluviatilis L. Z. Morph. Ökol. Tiere Bd. 48, 349-411.

Rintelen, T. v. & M. Glaubrecht, (2005). Anatomy of an adaptive radiation: a unique reproductive strategy in the endemic freshwater gastropod Tylomelania (Cerithioidea: Pachychilidae) on Sulawesi, Indonesia and its biogeographical implications. Biological Journal of the Linnean Society 85: 513-542.

R. Sluys, M. Kawakatsu, M. Riutort, J. Baguña: A new higher classification of planarian flatworms (Platyhelminthes, Tricladida). Journal of Natural History, 43, S. 1763-1777, 2009.

F. Starmühlner (1976): The Freshwater Gastropods of the Andaman-Islands. University of Florida Malacology database www.conchology.be

F. Starmühlner (1993): Ergebnisse der österreichischen Tonga-Samoa Expedition 1985 des Instituts für Zoologie der Universität Wien: Beiträge zur Kenntnis der Süß- und Brackwasser-Gastropoden der Tonga- und Samoa-Inseln (SW-Pazifik). Ann. Naturhist. Museum Wien 94/95 B 217-306.

Tan, S.K., R. Clements, (2008): Taxonomy and distribution of the Neritidae (Mollusca: Gastropoda) on Singapore. Zoological Studies 47(4): 481-494.

Tan, K. S. & L. M. Chou, 2000. A Guide to the Common Seashells of Singapore. Singapore Science Centre. 160 pp.

de Vries E. J.. The biogeography of the genus Dugesia (Turbellaria, Tricladida, Paludicola) in the Mediterranean region. Journal of Biogeography, 12, S. 509-518, 1985.

Wiese, V: (Red.) (2007): Systematische Übersicht der Land- und Süßwassermollusken Nord- und Mitteleuropas. http://www.mollbase.de/list/

Wiese, V: (1991): Atlas der Land- und Süßwassermollusken in Schleswig-Holstein. Landesamt für Naturschutz und Landschaftspflege, Kiel.

Zettler, M. L. , D. Richard, (2004): Süßwassermollusken auf Korsika. Kommentierte Aufsammlungen vom Sommer 2003 mit ausführlichen Bemerkungen zu Theodoxus fluviatilis. Malakologische Abhandlungen. 22: 3-16.

Zettler, M. L. et.al. (2004): Morphological and Ecological Features of Theodoxus fluviatilis (Linnaeus, 1758) from Baltic brackish Water and German freshwater Populations. Journal of Conchology. Vol. 38 No. 3: 305-316.

Powell, A W B, New Zealand Mollusca, William Collins Publishers Ltd, Auckland, New Zealand 1979.

Vaught, K.C. (1989). A classification of the living Mollusca. American Malacologists: Melbourne, FL (USA). XII, 195 pp.

Register

der wissenschaftlichen und deutschen Namen